한중일 정원에서 찾은 트렌드 I

- 전통정원의 현대적 재해석 -

이 저서는 2019년도 정부(과학기술정보통신부) 의 재원으로 한국연구재단의 지원을 받아 수행된 연구임

과제번호 2017R1A2B1002208

This work was supported by the National Research Foundationof Korea government (MSIT) (2017R1A2B1002208)

한중일 정원에서 찾은 트렌드 I

- 전통정원의 현대적 재해석 -

박경자 지음

학연문화사

머릿말

국가간, 지역간 문화교류가 갈수록 왕성해 지고 있다. 이러한 세계화 속에서 우리 국가. 민족의 정원문화 정체성을 찾는 작업의 하나로 본 연구를 진행해왔다.

오늘 아침에 선보인 도쿄패션이 정오쯤에는 동대문 시장에 뜨고 있다. 세상 흐름이 아주 빨라졌다.

세계화 속에서 우리 정원의 차별성을 찾기가 힘들어졌다. 단순한 옛구조물 형태를 재현해서 한국정원이라고 말하기에는 역부족이다. 오랜 전통을 가지고 현재까지 계승되어온 연못, 석가산 등 한국전통조경구조물을 현대 환경에 알맞게 재해석해서 한국정원의 한국다움을 나타내 보여야만 한다고 생각했다.

우리와 인접국가인 중국, 일본은 역사, 문화적으로 공통점이 상당히 많다. 이 한중일 3국의 전통과 근대, 현대화 과정에서 모던양식을 함께 찾아봤다. 특히 근대화에 앞선 일본연구에서는 영향을 주고받던 유럽도 함께 연구했다.

또 중국의 경우에는 남아시아와 동남 아시아의 선진 중화문화권인 홍콩, 싱가폴, 대만 일대도 함께 탐사 연구를 진행해 왔다.

본서는 2017.03~2020.02 년간에 수행 중인 한국연구재단의 중견 이공연구과제 '한국 전통조경의 현대적 재해석 연구 - 중국 특히 일본과의 비교연구를 중심으로 - 결과물의 일부이다. 여기에는 2014~15년 사이에 조선일보 프리미엄에 연재했던 '박경자의 한중일 정원 삼국지'의 한중일 정원 비교가 한국연구재단 연구과제의 초석이 됐다.

본서의 2장에서는 그동안 2016~18 년 사이에 월드코리안에 연재했던 '정원 산책'에서 중국과 일본 정원을 정리했다. 3장에서 '한중일 정원에서 찾은 대표적인 트렌드' 는 한중일 정원에서 전통을 기본으로 하여 현대적으로 재해석한 대표적 사례 중심으로 구성했다.

현대적 재해석 연구과정에서는 현대예술사조에서 현대조경 디자인 경향을 추출했다. 이 작업 과정에서 스톡홀름, 코펜하겐의 북유럽 디자인을 직접 탐사할 기회가 있었다. 또 안도 다다오 건축의 전통과 모던의 균형을 현장 탐사했다.

▶ 현대조경 디자인 경향 - 심플, 기능, 디테일

모더니즘의 심플, 기능

미니멀리즘의 전통을 심플하게

아방가르드의 전위, 추상, 초현실주의

kin folk의 심플, 스몰, 디테일

재현에서 탈피한 표현주의

심플, 기능, 재료, 디테일, 색채 등

친환경적 조화 등등에 연구 초점을 맞췄다.

현대 디자인 경향에서는 새 라이프 스타일인 심플, 여가, 품격에 맞추고, 동서양 전통조경 하이브리드를 도모했다.

현대정원 디자인 경향에 따라서 한중일 전통정원에서 현대적 재해석을 사례연구 중심으로 시도했다.

일본 ZEN 정원

한중일 산수 자연, 석가산

마당

방지

프랑스 스타일 광장

문, 담장

특히 일본은 전통정원을 현대적으로 재해석 하는데 앞섰다. 메이지 유신 후 오가와 지헤이의 무린암은 대표적인 근대 ZEN 정원 작품이며, 이어서 시게모리 미레이는 일본전통 가레산스이 정원을 모던화했다. 미니멀리즌, 아방가르드 등의 영향을 받은 그는 가레산스이를 심플, 기능, 추상화 했다.

마스노 슌묘는 스님이자 ZEN정원의 미니멀리즘 작정자이다. 현재 활발하게 ZEN정원을 세계 곳곳에 만들고 있고, 세계에서 존경받는 100인의 스님 중 한 분이다.

현재의 급속한 세계화 속의 한국정원의 '한국다움' 찾기는 계속되어야 할 것이고, 본서는 이 흐름에 일조가 되고 앞으로 계속적인 발전연구에 앞선 한 걸음이 되기를 기구할 뿐이다.

그 동안 본 연구에 많은 격려를 해주신 주변 여러 선생님들께 깊이 감사드리며, 어려운 여건 속에서 본서를 기꺼이 출판해 주신 학연문화사 권혁재 사장님께도 감사드린다.

2019.07

저자 慶堂 박경자 올림

차례

1장. 한중일 정원 삼국지

+2장. 중국, 일본 정원

+3장. 한중일 정원에서 찾은 대표적인 트렌드
- 전통정원의 현대적 재해석 -

1장

한중일 정원 삼국지

1. 집안에 무릉도원을 들여놓다

일상에 찌든 사람들이 잠시나마 여가를 즐길 수 있는 곳을 찾고 있습니다. 도심 빌딩숲 사이의 작은 공간과 아파트 단지 내 외부 공간, 교외 전원주택 마당, 한적한 농촌지역 곳곳에 주민을 위한 더 많은 쉼터가 필요합니다. 정원은 이 쉼터들의 상징입니다. 한 · 중 · 일 정원 문화 전문가인 박경자 전남대학교 학술연구교수가 세 나라의 전통 정원을 속속들이 들여다보면서 우리 전통정원의 현대적 재해석을 위한 여행을 떠납니다.

우리는 예부터 자연을 즐기고 가까이 하려는 마음에서 빼어난 경치를 즐기고 그 기억을 시문, 그림으로 남겼다. 집안의 뜰에 연못을 파고 사람이 축소해서 만든 진짜가 아닌 가산(假山)을 중심으로 정원(庭園)을 만들고 즐기기도 했다.

자연을 사랑하는 마음이 너무 깊어 뜰에 정원을 만들고 늙어서 직접 그곳에 갈 수 없을 때 누워서 즐긴다는 와유(臥遊)나, 자연을 매우 사랑하는 성벽(性癖)이 고칠 수 없는 병처럼 굳어졌음을 비유하는 천석고황(泉石膏肓) 등은 정원에 대한 선인(先人)들의 애정을 잘 나타내주는 말이다.

한중일 전통 정원은 유럽의 18세기 이후의 풍경식 정원과 함께 자연 모사와 활용 기법이 뛰어난다. 자연을 추구하는 정원양식은 서양에서는 자연 그대로를 나타내는 스타일로, 동양에서는 뜻을 상징해서 나타내는 스타일로 발달했다.

산수경관 모두 품은 이화원 · 졸정원

중국 베이징의 이화원(頤和園)과 수조우의 졸정원(拙政園)은 청대의 황실과 개인의 제일가는 정원이자 지금은 유명한 관광명소다.

졸정원은 규모도 크지만, 3부분으로 나누어진 중앙의 정원은 굽은 길을 따라 깊고 그윽한 곳으로 이르게 하는 곡경통유(曲徑通幽) 기법으로 관람객을 한없는 자연의 신비로 이끌게 한다. 번

♣ 졸정원(拙政園), 항주(香州)

잡한 도시 속에 있지만 정원에 들어선 사람은 자연스럽게 산수 경관이 주는 자연의 마력 속으로 이끌리게 된다.

이화원이나 졸정원을 거닐면 연못과 호수의 광대함과 건축물의 화려함, 기괴하게 생긴 태호석으로 만든 인공 산의 신비함에 감탄하게 된다. 특히 인상적인 것은 연못, 호숫가에 서서 볼 수 있는 정원 끝의 담장과 숲 너머로 멀리 보이는 탑의 풍경이다.

멀리 있는 탑의 모습을 정원 안으로 끌어들여 내 정원의 풍경으로 만든 셈이다.

♣ 이화원, 만수산 후면에 있는 해취원, 우시의 기창원을 본뜸

중국 강남 지방의 정원을 두고, 인간화된 경지를 말하기를 '누가 강남 풍경이 아름답다고 하는가? 옮겨진 하늘과 축소된 땅이 당신 가슴 속에 있다'고 했다. 정원 속의 강남 풍경인 아름다운 자연이 가슴 속 깊이 감동적으로 살아 있다는 뜻이다.

빼어난 정원석 훔쳐왔다는 기록도

자연을 정원 안으로 끌어들이는 차경(借景) 수법은 일본과 한국 전통 정원에서도 찾아볼 수 있다. 일본 쿄토의 엔츠지(圓通寺)에서의 히에이산 차경, 영주 부석사에서의 파노라믹한 소백산맥 차경 등은 그 수려한 경치에 우선 마음의 갈증이 풀린다.

이승소(李承召)는 15세기 세종부터 성종 때의 문인이다. 그는 삼탄집(三灘集)의 '석가산시서(石假山詩序)'에서 가산을 만들어서 정원을 꾸미고 시를 짓고 즐기면 경치와 마음이 어우러져, 태산이 크고 가산이 작으며 못이 작고 바다가 크다는 사실조차 알지 못하겠다고 했다.

"나는 이미 늙었소. 기력이 없어 일어서는데도 사람이 부축해 주어야 하오. 하물며 산에 올라갈 힘이 있겠소? 그렇지만 산수에 대한 벽(癖)은 이미 천석고황이 되어 간단히 치료할 수가 없소. 방안의 앉은 자리나 누운 자리에서도 창문으로 바라보고 마주하고 싶은 마음에 가산을 만든 것이오. 푸른 생물이 주위를 감싸게 하고, 아름다운 풀을 심고, 봉우리를 교묘하고 빼어나게 만드니, 영롱하여 볼만 하다오. 시를 짓고 즐기면 경치와 마음이 어우러져, 태산이 크고 가산이 작으며 못이 작고 바다가 크다는 사실조차 알지 못하겠소."

정원석인 괴석에 얽힌 에피소드가 있다. 17세기 인조와 숙종 때의 문인인 한태동의 시와유고(是窩遺稿)에 있는 속괴석기(續怪石記)에는 괴석을 빌려 주었는데 돌려주지 않아서 몰래 훔쳐오게 하였다 한다.

'내 친구 정계(鄭啓)에게는 남에게 빌려준 괴석이 있었는데, 내가 정군에게 달라고 하여 허락을 받았다… 빌려간 사람이 아까워하여 주지 않았다. 세 번이나 왔다 갔다 하였는데, 갈수록 더욱 숨기는 것이었다… 저 보관한 사람은 스스로 굳게 지키고 있다 생각하겠지만, 밤중에 힘 있는 사람이 이미 짊어지고 달아난 줄도 모를 것이다…'

신선 놀이터를 못 안에 들인 안압지

♣ 안압지(월지) 동쪽 호안에서 본 북쪽 호안과 중도 전경

경주의 신라시대 대표적 고적인 안압지는 왕궁의 정원으로 상징성이 뛰어난다. 못 안의 세 섬은 도교의 신선사상에 나오는 불로장생하는 신선들이 산다는 삼신산(三神山)을 상징하고 있다. 동쪽에 곡선으로 굴곡진 호안에 만들어진 언덕은 중국 고사에 나오는 초(楚)나라 선녀들이 살았다는 무산십이봉(巫山十二峰)이다. 이 무산십이봉은 현재 중국 양쯔강을 거슬러 올라가면 그 경치를 가깝게 느낄 수 있다.

일본 쿄토의 료안지(龍安寺) 가레산스이(枯山水)정원은 상징성과 축약성이 뛰어난 선종(禪宗)정원이다. 작은 돌과 모래무늬로 산과 바다 즉 자연을 표현하고 우주전체를 상징한다. 작은 돌, 작은 나무 만으로도 자연과 우주를 상징했던 남송(南宋) 산수화의 잔산잉수(殘山剩水) 기법에서 비롯되었고 일본정원에서 매우 유행했다.

2. 신선 놀이터 만들어 不老長生 꿈꿨던 진시황

동양인에게 산수(山水)는 자연을 대변한다. 자연의 빼어난 경치를 즐겼던 우리 선조들은 이전에 보았던 아름다운 경치를 회상하며 자신의 마당에 정원을 꾸미고 가꾸었다.

수려한 산 대신 인공의 가산(假山)을 만들고 연못을 파고 꾸몄다. 단순히 가산과 연못을 만드는 대신 여기에 상징적인 뜻을 주었다. 정원에서 서양인이 '유토피아'와 '파라다이스'를 꿈꾸었다면, 동양인은 '불로불사(不老不死)'와 '불로장생(不老長生)'의 영생(永生)을 꿈꾸었다.

정원 통해 불로장생 꿈꾸었던 진시황

동양인에게 공적인 종교가 유교라면 사적인 종교는 도교였다. 정원 가꾸기에는 도교의 '신선사상(神仙思想)'이 가장 큰 영향을 주었다.

중국의 역사서인 사마천(司馬遷)의 사기(史記)에 도교의 신선사상과 관련된 진시황(秦始皇)의 기록이 있다. 천하를 통일하고 최초로 통일국가를 세웠던 진시황은 영원히 늙지 않고, 무병장수(無病長壽)를 기원했다. 그래서 3000명의 동남동녀를 동해로 보내서 불로초(不老草)를 구해 오도록 명했다.

이 불로초를 먹고 사는 신선이 사는 섬을 '삼신산(三神山)'이라 하는데 '봉래산(蓬萊山)', '방장산(方丈山)', '영주산(瀛洲山)'이 그것이다. 진시황은 황궁의 정원인 상림원(上林苑)에 못을 파고 삼신산의 하나인 봉래산을 섬으로 형상화한 봉래도를 조성해 불로장생을 기원했다고 한다.

♣ 진시황이 불로초를 찾아 사람을 보냈다는 방장산은 제주도 서귀포시의 정방폭포 일대라고 전해진다.

동남동녀들이 불로초를 찾아 떠난 곳은 제주도라고 전해진다. 서귀포에 불로초를 캐러 왔던 서불(西市)이 마애명(磨崖銘)을 남긴 것으로 알려진 정방폭포 일대가 방장산이다. 제주시는 이 유적지에 서불 기념관과 전시관을 비롯해 중국식 정원, 회랑, 정자 등을 설치해 관광지로 개발했다.

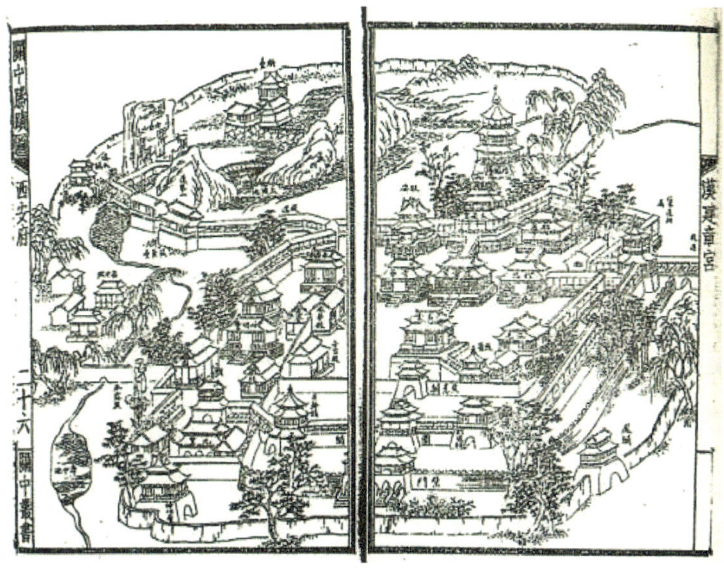

♣ 중국 한나라 시대 건장궁 도면. 중국에서 가장 오래된 궁궐도, 북쪽 태액지에 삼신산(봉래 · 방장 · 영주산)을 볼 수 있다./관중승적도지(關中勝蹟圖志)

진나라 이후 한나라의 한무제(漢武帝)도 황궁 정원인 상림원(上林苑)의 건장궁(建章宮)에 태액지(太液池)를 파고 봉래 · 방장 · 영주 세 섬을 조성했다. 이들 섬은 오늘날 베이징의 청시대 유적인 이화원(頤和園) 등에서 볼 수 있는 중국 황실 정원(皇家園林)의 전통이 됐다.

한국과 일본으로 넘어 온 신선들의 놀이터

진시황의 신선정원 이후 많은 정원과 문헌들에서 불로장생의 신선세계를 추구해 왔다. 한국과 일본도 예외는 아니었다.

한국에서는 백제시대 부여의 궁남지에 방장선산(方丈仙山)을 만들었다는 기록이 있다. 신라 경주 안압지의 3섬도 삼신산이며, 조선시대의 남원 광한루 등의 유적에서도 삼신산을 볼 수 있다.

신선 세계의 삼신산을 상징한 가산의 종류로는 돌을 쌓아 만든 석가산, 기이하게 생긴 나무등걸을 손질한 목가산, 옥으로 만들며 선비들이 애중하게 여기는 연적의 하나인 옥가산, 괴이하게 생긴 괴석이 있다.

신선 세계를 상징한 '비해당사십팔영(匪懈堂四十八詠)'의 하나인 '가산연람(假山烟嵐)'은 조선 초기 안평대군이 인왕산 북쪽 골짜기에 지었던 비해당에 있는 가산을 읊은 시다. 신선들이 산다는 중국의 나부산에 비유했다.

이 시를 지은 최항 선생은 15세기 세종 때 집현전 학사로 훈민정음 창제에 참여했고 훗날 영의정이 됐다. 선생은 40여 년간 조정에서 많은 벼슬을 역임하면서 '동국통감', '경국대전' 등 각종 편찬 사업에 주도적인 역할을 하였다.

♣ 조선시대 채수 석가산 복원도. 신선 세계의 삼신산을 상징한 가산의 한 종류로, 돌을 쌓아 만들었다.

[최항 선생의 가산연람 태허정집(太虛亭集) 1권]

煙滋疊岫青排闥 안개 자욱한 겹겹의 산이 푸르게 문을 밀치고 들어오는 듯하고

風送浮嵐翠滴筵 바람에 밀려오는 산 기운이 파랗게 자리에 떨어지는 듯하네.

絶竇也應流玉乳 깊은 동굴에서는 종유석이 흐를 것만 같고

危峯直欲摋珠躔 높다란 산봉우리는 곧바로 하늘에 닿을 것 같네.

縮地眞成壺裏界 축지하여 참으로 호리병 속 세상 만들었으니

일본 아스카시대의 연못과 나라시대의 도인(東院) 연못의 섬도

삼신산이다. 후에 삼신산은 일본 전통 정원의 대표적인 양식으로 자리 잡았다.

신선놀음 즐겼던 조선(朝鮮) 사대부

조선시대 사대부인 오도일(吳道一)의 글에서도 이러한 취향을 엿볼 수 있다. 오도일은 17세기 숙종 때 병조판서를 지냈고, 주청부사로 청에 다녀왔다. 평생 술을 좋아했고 술에 취해서 벌어진 일화가 많다.

'서파집(西坡集)'에 나오는 문장과 시에서 집안에서 신선의 세계인 삼신산을 편히 즐기는 신선놀음을 읽을 수 있다.

[조씨의 석가산기문(曹氏石假山記)]

'집안을 벗어나지 않고도 아득히 천리 밖에 있는 방장산을 생각나게 하니, 참으로 기이한 구경거리이다.'

[조석우 백흥의 석가산에 쓰다(題曹錫禹伯興石假山)]

人道蓬壺在海濆 **사람들은 봉래산이 바다에 있다 하는데**
誰將秀色箇中分 **누가 그 속에서 빼어난 모습 분별할까.**
……
高枕僊遊摠讓君 **편히 누워 신선놀음 하는 것을 모두 그대에게 양보하노라.**

3. "정원에서 유유자적(悠悠自適)하니 영의정도 안 부럽네"

여가생활 중의 하나로 옛날이나 지금이나 정원과 자연을 찾는 사람이 많다. 정원에서 얻는 작은 기쁨은 내일을 위한 재충전이 된다.

옛 사람들은 단순히 여가를 보내기 위해서 자연생활을 했던 것이 아니다. 그 속에서 마음을 맑게 가지고 높은 뜻을 기르면서 유유자적(悠悠自適)하는 생활을 즐기려고 했다.

후한 시대 중장통(仲長統)은 원림을 만들고 그 속에서 유유자적 살아가며 그 즐거움을 '낙지론(樂志論)'에 짧은 글로 생생하게 표현했다.

이 몸이 기거하는 곳은 좋은 밭이 딸린 넓은 집이다.
산을 등지고 시내가 내려다보이는 곳으로, 도랑과 못이 집 주위에 빙 둘러 있고,
대나무와 나무들이 죽 벌려 서 있으며,
집 앞에는 타작마당과 채마밭이, 집 뒤에는 과수원이 있다...

어지러운 세상을 초월하여 유유히 소요(逍遙)하며,
하늘과 땅 사이의 온갖 잡다한 일들을 무심히 바라보며...

이와 같을진대, 하늘의 은하수를 넘어 우주 밖으로 나가,
다함 없는 즐거움과 삶을 누리게 될 것이니,
어찌, 벼슬길에 올라 조정에 나아가는 것을 부러워하겠는가.

19세기 초 김홍도의 '삼공불환도(三公不換圖)'는 중국 후한 말의 중장통의 낙지론(樂志論)을 조선화해 그린 그림이다. 산과 들판과 바다가 펼쳐지는 자연 속에서 영의정 · 좌의정 · 우의정 삼공(三公)이 조금도 부럽지 않은 전원생활을 누리는 장면을 담았다. 기와집을 에워싼 산세와 집안에서의 다양한 사대부가의 생활을 표현하고 있다.

♣ 산 · 들 · 바다가 펼쳐진 자연 속에서 삼공이 부럽지 않은 전원생활을 누린다는 김홍도의 '삼공불환도'

19세기 실학자인 서유구(徐有榘)가 쓴 '임원경제지'의 '이운지(怡雲志)'에서 이운은 '나 홀로 구름을 즐긴다' 뜻으로, 내가 살고 싶어 한 삶으로 몇 가지를 손꼽고 있다. 그 중 당 시대 왕유(王維)

는 남전(藍田)의 망천별업도(輞川別業圖)를 남겼고 망천의 생활을 즐겼다.

王維(왕유)의 終南別業(종남별업)

中歲頗好道(중세파호도)/ 中年에 자못 道를 좋아하다
晩家南山陲(만가남산수)/ 晩年에 종남산 기슭에 집을 지었네.
興來每獨往(흥래매독왕)/ 흥이 나면 매양 홀로 거닐며
勝事空自知(승사공자지)/ 그 가운데 기쁜 일 나만이 안다네.
行到水窮處(행도수궁처)/ 걸어서 물 다하는 곳 이르면
坐看雲起時(좌간운기시)/ 앉아서 구름 이는 것 보고,
偶然値林叟(우연치림수)/ 우연히 숲 속의 늙은이 만나
談笑無還期(담소무환기)/ 얘기하고 웃으며 돌아가기 잊는다.

♣ 왕유의 '망천별업도'. 왕유가 만년에 은거하던 곳이다.

종남별업은 곧 망천 별서인데, 왕유가 만년에 은거하던 곳이다. 이 시는 은거의 의취(意趣)를 그린 것이다. 은거하는 이유와 일상생활을 그렸는데, 세상과 더불어 사는 삶과 오직 자연만을 사랑함을 표현하였다.

일본 14세기 가마쿠라 말기 고다이고 천황이 선종(禪宗)정원의 창시자이자 사이호지(西芳寺)와 덴류지(天龍寺) 정원을 만든 무소 소세키 국사를 초빙하려 했다. 이에 무소국사는 '세상살이는 유유히 흘러가고, 작은 암자 한 조각 산에 머문다', '한 조각 산과 넓은 물은 나의 고향으로, 가을빛 작은 창에 가득하다'는 싯구로 선승(禪僧)의 생활을 읊었다.

♣ 일본 몽창국사가 만든 '덴류지정원'

채제공(蔡濟恭)은 18세기 정조 때 삼정승인 우의정 · 좌의정 · 영의정을 모두 지냈다. 그는 몇 편의 정원에 관한 원기(園記)를 지었는데, '조원기'에서 그는 정원 생활 덕에 세상일로 마음을 어지럽히지 않는다 했다.

> 주인의 성은 조씨이다. 한가롭게 살면서 꽃을 심는 것을 업으로 삼고, 거문고를 타며 기뻐하면서, 세상일로 마음을 어지럽히지 않았다. 지금 세상의 사대부로 혹 몸을 바꾸거나 혹 친구를 팔아먹으며, 아침 저녁으로 영화에 걸거나 요행으로 이끗을 얻으려고 얕은 꾀를 부리는 자에 비하면, 또한 어질지 아니한가. 느낌이 있어 조씨의 정원을 조원기(曹園記)에 적는다.

조선말기 학자 이병희(李炳憙)의 '성헌집(省軒集)'에는 이름난 경치를 표현한 서경시가 많다. 밀양 퇴로(退老) 이씨고가의 '서고정사기(西皐精舍記)'에서는 주자의 숨어 있는 사람을 되돌려 불러낸다는 뜻의 '반초은(反招隱)'에서 뜻을 딴 '한서암(寒棲庵)'을 연못 곁에 지었다 한다.

> 서고정사…툇마루 남쪽에 한 석간수 샘이 솟는데 매우 맑고…주자의 시에서 취하여 침우천(枕雨泉)이라…그 샘물을 섬돌 밑으로 따라 흐르게 하여 모난 연못을 만들었는데…연꽃이 활짝 피고 잉어 수십마리가 힘차게 헤엄…주자의 시어에서 취하여 활수당(活水塘)이라 이름…연못 곁에 다시 세 칸 집을 지었는데…한서암(寒棲庵)이라…주자의 반초은(反招隱)의 뜻을

딴 것이다.

산림 깊숙한 곳에 살지 않고 저잣거리에서 생계 활동을 하면서 숨어사는 은사(隱士)로 자처하는 자를 시은(市隱)이라고 한다. 왕강거(王康琚)의 '반초은(反招隱)'이라는 시에 "소은은 산이나 숲 속에 숨고 대은은 조정이나 저자에 숨는다.(小隱隱陵藪 大隱隱朝市)"라고 했다.

진(晉)나라 왕강거(王康琚)가 쓴 '아계유고' 제4권 가은록(街隱錄)의 '오수재(吳秀才)에게 주다'에서는 도리어 대은을 이루어 부끄러워했다.

少年雲路夢曾驚/ 소년 시절 이미 높은 벼슬에 올랐고
衰謝如今鬢雪明/ 노쇠한 지금엔 귀밑털 눈같이 희어라
却向市闉成大隱/ 도리어 저잣거리로 가 대은을 이루니
悔將文字播虛名/ 문장으로 헛된 이름 알려짐 부끄러워라

♣ 밀양 이씨퇴로가의 '한서암'과 '활수당'/황헌만 사진 촬영

일본에서는 많은 사람 속에서 숨어 지낸다는 뜻의 '시중의 은(市中 隱)'과 연결되는 것이 백낙천의 중은(中隱)이다. 이것은 산림 속에서 은둔하는 소은

이나 도시에서 은거하는 대은을 절충한 것으로, 도시 속에서 임시로 산림을 만들어 놓고 숨어지내는 '시중의 산거(市中 山居)'를 의미한다.

이러한 은일 사상에서 나온 초암(草庵) 문학이 '쿄토에 조용하게 정자를 세우고 사면에 대나무를 심었으니 이야말로 산속의 정취이다'와 같은 건축문화를 유행시킨다. 당시 이러한 차실의 모습은 '몇 그루의 작은 나무를 둘러심은 작은 찻집', '속세를 떠나 숨어 지내는 자의 초가 암자인 초암(草庵)'과도 같아 자연의 모습이나 그 본질을 감상하던 장소였다.

♣ 일본 쿄토 가쯔라리큐 초가지붕의 초암. 차를 마시는 차실이다.

4. 미국 인디언들도 풍수에 신경 썼다

최근 영화 '관상'이 인기를 끌면서 관상이나 사주, 풍수 등에 대한 관심이 높아지고 있다. 동서고금을 막론하고 사람들은 집을 지을 때 풍수를 고려해 왔다. 우리나라는 물론 중국과 일본, 그 외 동아시아권, 멀리는 미국의 인디언들까지도 지금도 좋은 집터를 고를 때 풍수를 사용했다.

18세기 사대부가의 주거문화에 대해 홍경모(洪敬謨)는 '사의당지(四宜堂志)'에서 네가지 마땅한 점을 들어서 '우리 집'을 말하고 있다.

> 높고 밝은 곳에 거처함이 좋고, 멀리 조망할 수 있고, 산등어리에 오를 수 있고, 높은 대와 나무에 거처할 수 있다.(可以居高明, 可以遠眺望, 可以升山陵, 可以處臺樹)

홍경모는 또 사의당에 대해 높고 밝은 곳으로 형승(形勝)이 뛰어나다고 설명했다.

> 나의 집은 남산의 아래 기슭에 위치한다. 지세(地勢)가 우뚝 솟아 있고, 바람과 공기가 맑고도 깨끗하다. 두루 에워싼 형상과 아름답고 고운 모습이 모두 여기에 모여 있으니, 거의 하늘이 만들고 땅이 감추었다가 사람에게 준 것과 같고, 진실로 성남

♣ 일본 정원 전문가인 코보리 엔슈(小堀遠州)의 정원을 복원한 도쿄의 정원

(城南, 서울 남산 남쪽의 후암동 · 한남동 일대)의 아름다운 구역이니 또한 족히 길한 곳을 가려서 집을 지었다 할 만하다.

후한시대 중장통(仲長統)은 낙지론(樂志論)에서 아래와 같이 얘기했다.

이 몸이 기거하는 곳은 좋은 밭이 딸린 넓은 집이다. 산을 등지고 시내가 내려다보이는 곳(使居有良田廣宅 背山臨流)이다.

풍수에서 최고의 집터는 산을 등지고 물을 가까이하는 '배산임수(背山臨水)'인 동시에 바람을 가두고 물을 얻을 수 있는 '장풍득수(藏風得水)'하는 곳이다.

조선중기의 실학자 서유구(徐有榘)는 '임원경제지'에서 주택 풍수에 관해 쓴 중국 고전들을 인용했다.

주택의 왼편으로 흐르는 물을 청룡이라 하고, 오른편에 큰 길이나 있는 것을 백호라 하며, 집앞에 연못이 있는 것을 주작이라 하고, 집뒤에 구릉이 있는 것을 현무라 하여 이러한 지형을 가장 귀하게 여긴다. 만약 땅에 이러한 상(相)이 없으면 흉하다.

일본의 풍수도 원래는 중국의 영향을 받았다. 일본에서 가장 오래된 정원서로 꼽히는 '사쿠테이키'가 쓰인 시대부터 현재까지 일본인들은 정원의 물의 흐름, 돌과 식물들의 배치를 풍수를 고려해 신경 쓰고 있다.

풍수에서 말하는 좋은 땅(吉地)에 조선시대 대표적인 정원인 경북 봉화의 '청암정'과 경북 달성의 '하엽정'이 만들어졌다.

♣ 경북 봉화 권충재의 청암정과 연못

충재(冲齋)의 청암정(青巖亭)이 위치한 닭실마을은 안동 권씨의 집성촌으로 충재선생이 안동 도촌에서 이곳으로 옮겨와 살면서 형성됐다. 닭실(酉谷)이란 지명은 마을 뒷산의 형국이 마치 닭이 알을 품은 금계포란형(金鷄抱卵形)이라는데서 유래됐다.

이중환의 '택리지(擇里志)'에서는 닭실마을을 경주 양동, 안동 천전, 풍산 하회와 함께 삼남(三南)의 4대 길지 중 하나로 꼽았다. 또한 '정감록(鄭鑑錄)'에 나오는 열 곳의 뛰어난 땅 중의 하나이다. 종택 주변에는 청암정 외에 석천정사, 삼계서원, 차실과 같은 문중 관련 유적들이 있어 조선시대 지방 사대부들의 생활을 짐작해 볼 수 있는 흔적들이 남아있다.

충재선생의 5대손 하당공(權斗寅)이 지은 '청암정기(青巖亭記)'에서는 청암정 터잡기를 두고 다음과 같이 표현했다.

> 동악(東岳)을 바라보고 남산(南山)을 마주하며, 북쪽으로 문수산(文殊山)과 통해 조망이 조금 넉넉하다. 그 가운데로 작은 시내 하나가 남쪽으로 흘러서 정자 아래에 이르러서는 바위로 내달리고 부딪치며 나가기에 콸콸거리며 소리가 울렸다.

♣ 경북 달성 하엽정과 연못

경북 달성 묘동(妙洞)에 있는 삼가헌(三可軒)에 딸린 하엽정(荷葉亭) 정원의 터잡기 풍수 해석은 '파산서당기(巴山書堂記)'에 잘 나타나 있다.

서당이 파회촌(坡回村)의 서쪽에 있으니…동네가 팔공산에서 볼 때 마치 한 마리의 용이 꿈틀대며 몸을 돌려 꼬리를 돌아보는 회룡고미형(回龍顧尾形)이라고 풍수들은 말한다.

파회(坡回)는 묘동의 서쪽 작은 끌짜기로서 아늑하고 깊으며 평탄하여 좌우의 산세가 모두 명랑하고 수려하게 동네를 둘러싸고 주산의 여맥(餘脈)이 다시 서남으로 뻗어서 구봉(九峰)이 되어 그 밖을 막고 구봉의 한 가지가 또 약간 동으로 뻗어 다시 북으로 달려서 동네를 감싸니 곧 안산(案山)이다.

그 밖은 큰 강이 둘러있어 편편한 들판이 펼쳐있으니 강물이 범람하면 넓고 넓어서 끝이 없으나 실상은 산에 의지하고 강을 등져서 강호의 운치가 더욱 많다 할 것이다.

동네에 예부터 육신사(六臣祠)가 있고...지난 정조 기유(癸卯)에 고조께서 조부님을 분가시킬 때...초가를 짓고 삼가헌(三可軒)이라 이름하고 기문과 신거팔영(新居八詠)이 있고, 파회동(巴回洞)이라 이름하니 대개 산형세가 파(巴)자처럼 돌아감을 말한 것이다.

5. 삼국통일 기운 농축한 '안압지'

'안압지'는 삼국을 통일한 문무왕 때에 만들어졌다. 안압지가 만들어졌을 당시는 삼국통일의 기운이 가장 왕성했던 시기다. 당시의 통일 정신을 농축해 만들었던 것이 안압지인 셈이다.

삼국사기는 문무왕 14년(674)에 못을 파고 산을 만들고 화초를 심고 진귀한 새와 짐승을 길렀다고 했다. 또 동국여지승람(東國輿地勝覽)에는 안압지에 대해 '천주사(天柱寺) 북쪽에 있다. 문무왕이 궁내에 못을 만들고 돌을 쌓아 산을 만들어 무산12봉을 상징하고 화초를 심고 진귀한 새를 길렀다..그 서쪽에 임해전 터가 있는데..'라고 기록돼 있다.

♣ 안압지 항공 사진

삼국사기는 안압지 동쪽에 있는 동궁 관청을 '월지옥전(月池嶽典)'이라 기록하고 있다. 신라시대에는 안압지를 '월지'라고 불렀던 것 같다. 안압지라는 이름은 조선시대 매월당 김시습(梅月堂金時習)이 쓴 시 '사유록(四遊錄)'에 나오는 안하지구지(安夏池舊址)에서 안하지가 비슷한 한자음인 안압지로 바뀐 듯하다. 또 조선 강위(姜瑋)의 시문 '十二峯低玉殿荒 碧池依舊雁聲長'에서 기러기가 사는 못으로 안압지라는 명칭이 전해진 것도 같다.

> 十二峯低玉殿荒 碧池依舊雁聲長 열 두 봉우리는 낮아졌고 옥의 전(殿)은 황폐하였건만 푸르른 못물은 예와 같은데 기러기 소리만 오랫동안 길구나

안압지는 지난 1975년부터 1976년 발굴조사를 완료했다. 안압지 동쪽은 굴곡진 호안, 북쪽은 곡선, 남쪽과 서쪽 호안은 직선으로 돼 있다. 못 속에는 3개의 섬이 있고, 동쪽 굴곡진 호안에는 산을 만든 흔적이 있었다. 안압지 서쪽 못 가에는 5곳에 건물지가 있다.

못 속의 세 섬은 도교의 신선사상에 나오는 불로장수하는 신선이 살고 있다는 봉래, 방장, 영주의 삼신산이다. 안압지의 삼신산은 중국 진시황 이후와 일본 아스카시대 이후의 연못과 기록에서 볼 수 있고, 백제 궁남지 기록에는 방장선산이 나오며, 이러한 삼신산의 영향을 직접 받은 것 같다.

♣ 안압지 북쪽 호안에서 본 전경

동국여지승람에서는 안압지의 못 동쪽에 돌을 쌓아 산을 만들어 무산12봉을 상징했다고 전하고 있다. 19세기 이종상(李鍾祥)이 '정헌집(定軒集)'에 쓴 '무산에 저녁 비 개임'에서도 중국 초나라 선녀가 살았던 무산12봉을 상상할 수 있다.

巫山晩晴　무산에 저녁 비 개임
江南萬里杳靑山　만리 강남에 푸른 산 아득하데
認取峯名向此間　무산 십이봉의 이름 이곳에서 취했지.
獨臥空齋淸不夢　홀로 빈집에 누워 잠 못 이루는데
楚天雲雨盡成閒　아, 초나라 하늘 구름 비는 모두 한가로워라.

♣ 안압지 입수 석조에 용머리를 복원했다.

임해전(臨海殿)은 안압지 서쪽에서 바다를 마주한 건물이다. 바다란 임해전 동쪽의 안압지를 말한다. 안압지의 서쪽 건물지에서 동쪽 호안을 바라보면 한 곳도 막힘이 없이 계속 이어진 듯 느끼게 되며 먼바다를 바라보는 것 같다.

임해전에서는 주사위 놀이에 떠들썩 흥겨웠다.

한번 주사위를 굴리면 '혼자 노래 부르고 혼자 마시기(自唱自飮)' 글자가 나오고, 또 한 번 굴리면 '술 석 잔 한 번에 마시기(三盞一去)' 계속해서 '소리없이 춤추기(禁聲作舞)', '술잔 비우고 크게 웃기(飮盡大笑)', '여러 사람 코 때리기(衆人打鼻)', '달려들어도 가만있기(有犯孔過)', '아무에게나 노래 청하기(任意請

歌)', '술 두 잔이면 즉각 마시기(兩盞則放)', '시 한 수 읊기(空詠詩過)', '추물을 버리지 않기(醜物莫放)','간질여도 가만있기(弄面孔過)', '팔뚝을 구부린 채 다 마시기(曲臂則盡)','월경 한 곡조 부르기(月鏡一曲)' 등의 글자가 나올 때마다 한바탕 장난질에 신바람이 났다.

그들 중에는 글자가 새겨진 뼈로 만든 원통 장신구를 차기도 했다. '남녀가 함께 영원히, 참외가 한 넝쿨인 것처럼, 둘이 함께, 남편과 아내가 영원히, 남편과 아내, 그리고 자식이 (함께) 영원히(士娘同.瓜胡同.小舍.雙同.主娘同.上女女子同)'

매월당의 시 '引水龍喉勢岌峩'(물을 끌어오는 개울물 소리가 높다)에서 용의 목구멍인 용후(龍喉)는 안압지와 용신앙과의 관계를 보여주기도 하지만, 실제로 조선전기까지도 입수조에는 용 또는 거북 조각물이 있어서 이곳에서 물이 쏟아져 나왔던 것 같다. 이것은 일본 아스카에서 발굴된 거북모양 석조의 구형석처럼, 거북 조각에서 물이 흘러가는 것과 거의 같은 모습이다. 용과 거북은 동양에서 고대로부터 신의 혼이 깃든 동물로 신성시돼왔다.

♣ 일본 아스카에서 발굴된 거북 모양 석조인 구형석

6. 자연 풍광과 문인의 심상(心像)이 만난 '소쇄원'

중국 당시대 목종과 문종(文宗) 때의 이덕유(李德裕)는 나라를 평정하고 주변국을 격파하는 데 공을 세웠던 인물이다. 그는 낙양에 평천장(平泉莊)이라는 별장을 가지고 있었는데, 평천장은 중국과 한국 정원 등에 큰 영향을 주었다.

'평천장은 낙양성 30리에 있는데 화목과 누대와 나무가 매우 아름다웠다. 빈 홈대로 샘물을 끌어들여 둘러서 돌리고 연못을 파니 마치 파협 동정호의 열두 봉우리 산맥을 닮았다. 평천장 주위는 십여 리이고 정자가 백여 군데이며 사방에 기화이초가 소나무와 돌들과 더불어 있으니…'

♣ 소쇄원 설경. 제월당, 광풍각, 계류 건너서 소쇄정이 보인다.

일반적으로 사대부계층이 정원에 갖는 상반된 심리를 후당 시기의 정원에서 읽어볼 수 있다. 당시는 정치적인 혼란과 잦은 전쟁 탓에 일부 통치계층은 세상사에 염증을 느끼고 향락을 탐닉하거나, 자연 속에서 숨어지내는 은거를 갈구하던 시기였다.

후진(後晉)의 절도사 두위(杜威)는 자신의 정원에 제후를 초청해 연회를 열었다고 전해진다. 후당의 이경의(李敬義)는 벼슬에 뜻을 잃고 낙양 유수(留守) 시절에 은퇴를 꿈꾸며 평천에 별장을 짓고 천하의 기이한 꽃과 진귀한 나무와 괴이한 돌을 모아 정원을 만들었다.

파주에는 조선시대 대학자 율곡이 만든 화석정(花石亭)이 있다. '신증동국여지승람'에 나오는 이숙함(李淑瑊)의 기문에는, '나는 이덕유(李德裕)의 평천장기(平泉莊記)에 나오는 화석(花石)을 따서 이름을 지었다'고 기록돼 있다.

담양에는 시가(詩歌) 문학의 배경이 된 풍광이 뛰어난 누정들이 많다. 그중에서도 소쇄원이 자리 잡은 지곡리는 식영정과 환벽당이 자리 잡고 있다.

소쇄원은 경북 영양의 서석지, 전남 보길도의 세연정 정원과 함께 우리나라 3대 전통정원 중의 하나다. 자연경승지인 폭포와 지형을 잘 활용해 거기에 정자들을 만들어 다리를 놓고, 담장을 설치했던 별장 정원(별서)이다.

♣ 소쇄원 폭포. 오곡문 아래로 물이 흘러들어온다.

소쇄원은 양산보 개인이 꾸몄다기보다는 당나라 이덕유가 경영하던 평천장과 이를 모방한 송순, 김인후 등의 영향을 크게 받았을 것이다.

양산보는 17세기 중종때 기묘사화로 스승인 조광조가 유배 후 죽임을 당하자 실의에 빠져서 담양으로 낙향했다. 이후 그는 숨어지내면서 담양의 시가 문학을 하는 문인들인 송순과 김인후, 정철 등과 교류하면서 소쇄원을 만들어갔다.

양산보가 30대 때는 외종형 송순이 담양에 면앙정을 짓고 호남 제일의 시가 문학 가단을 이루었다. 송순은 전라도 관찰사를 지낸 인물인데, 조선 중기 호남 시가 문학에서 시성(詩聖)으로 존경받았다. 그는 중국정원에 대한 이해가 깊어 양산보가 소쇄원을 만드는 과정에서도 많은 영향을 주었다.

40대에 을사사화로 낙향한 양산보의 사돈인 김인후도 소쇄원 조영에 관여했다. 김인후는 이덕유의 평천장에 영향을 받아 한양 동쪽 근교에 평천장을 만들었고, 낙향 후 소쇄원 48영을 지어 소쇄원 입구부터 대봉대, 계류, 화계, 광풍각, 제월당, 담장

♣ 가마쿠라에 있는 유명한 선승(禪僧)인 무소 소세키가 만든 즈이센사(瑞泉寺) 정원.

등에 이르기까지를 서정적으로 묘사했다.

당나라 이덕유는 평천장 고사에서 후손에게 '평천장을 팔거나 평천장에 있는 나무 하나, 돌 하나라도 남에게 주는 자는 내 자손이 아니다'라고 했다. 양산보도 처사공실기(處士公實記)에서 이 평천장 고사를 따라서 '소쇄원을 팔거나 어리석은 후손에게 물려주지 마라'고 유언했다.

양산보는 주무숙(周茂叔)의 '애련설(愛蓮說)'과 도연명(陶淵明)의 '귀거래사(歸去來辭)'를 늘 가까이했다. 그는 또 주무숙의 인물평인 '비 갠 뒤에 해가 뜨며 부는 청량한 바람'이란 뜻의 광풍(光風), '맑은 날의 달빛'이라는 뜻의 제월(霽月)을 따와 광풍각과 제월당이라는 정자를 지었다.

양산보의 낙향은 세상을 버리거나 도피했던 은둔이 아니다. 이보다는 가마쿠라 시기의 선승(禪僧) 무소국사가 읊은 '세상살이는 유유히 흘러가고, 작은 암자 한 조각 산에 머문다'는 선(禪)의 경지이면서 세상을 초월하고자 하는 은일을 택한 것 같다.

'소쇄(瀟灑)'는 육조시대 공치규(孔稚珪)의 북산이문(北山移文)에 나오는 '깨끗하고 시원하다'는 뜻으로 속세를 떠난 느낌이 있다. 중국 송(宋)에서 건너 온 난케이도류(蘭溪道隆)가 만들었던 일본의 가마쿠라에 있는 최초의 선종(禪宗) 사찰인 겐초지(建長寺) 등에서 소쇄한 정원을 볼 수 있다.

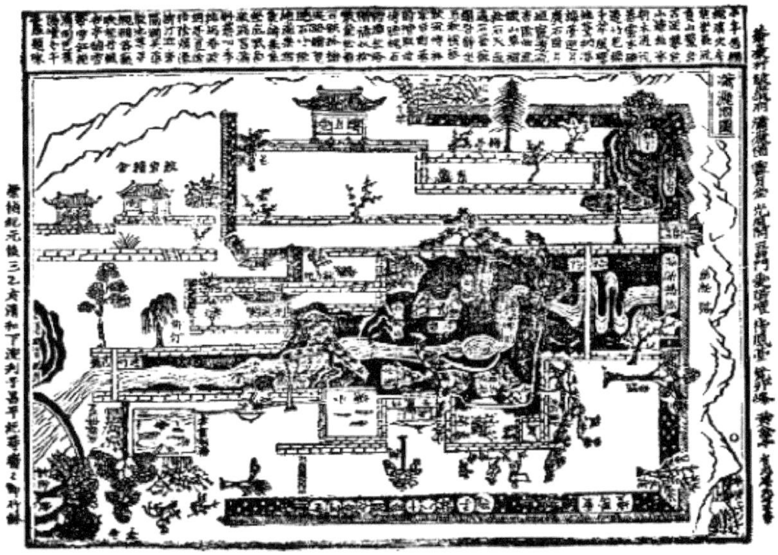

♣ 소쇄원도. 소쇄원 48영 싯귀가 함께 새겨져 있다.

소쇄원의 옛 모습은 18세기 후반에 판각한 '소쇄원도'에 잘 나타나 있다. 여기에는 김인후의 48영 싯귀도 함께 새겨져 있다.

고경명이 무등산을 유람하고 쓴 '유서석록(遊瑞石錄)'에는 당시 소쇄원 모습을 그림 그리듯이 묘사하고 있다. 중국과 한국의 문화가 융합되고, 가장 한국적인 정원을 만들어서 꾸미되 꾸미지 않는 듯한, 자연미 넘치는 한국적인 서정을 여기에서 느끼고 읽을 수 있다.

'...계류가 집의 동쪽으로부터 담장을 통하여 흘러 들어와서...그 위에는 자그마한 외나무다리...다리 아래쪽에 있는 돌 위에는 저절로 파인...조담(槽潭)...물이 아래로 쏟아지면서 작은 폭포…조당 위에는 노송…작은 폭포 서쪽에는 작은 집 한 채인 광풍각… 그 남쪽에는 돌을 여러 층으로 높이 쌓아 만든 석가산…작은 정자…처마 바로 옆에 벽오동…정자 아래쪽에 작은 연못…홈을 판 통나무로 만든 비구(飛溝)로 계류를 끌어들이고…연못 서쪽에는 굵은 대숲…대숲 서쪽에 연못…돌로 만든 고랑으로 물을 끌어들이고…연못 북쪽에 물방아…'

7. 구중궁궐 여인들의 한(恨)이 서린 화단 '화계'

중국 베이징에서 가장 번화하다는 왕푸징 거리에서 인력거를 타고 조금 가다 보면 오래된 골목길로 유명한 후통(胡同)과 비교적 보전이 잘된 사합원 주택을 만난다. 이곳은 친근한 라오베이징(老北京)의 옛 정취가 배어 있는 곳이다.

베이징의 주택은 네 개의 건물이 그 주위를 둘러싸는 사합원(四合院) 형태다. 가운데 중정(中庭)이 있어서 화단을 만들고 모양 좋은 돌 등을 배치했다. 사합원은 중국을 대표하는 도시형 주택이다. 오늘날 볼 수 있는 사합원은 한(漢)대부터 정착된 상류계층의 주거형식이다.

1959년 시안시 서쪽 교외의 당(唐)대 묘지에서 출토된 건물 모형이 있다. 네모난 마당 북쪽 후원(後院)에는 팔각정과 석가산(石假山)과 연못이 있다. 정원 각각이 잘 조화돼 있고 배치가 잘 짜여 있는 중정이 있는 당대 귀족 호화 저택의 축소판이다.

원(元)대에 베이징을 방문했던 마르코 폴로(Marco Polo)는 동방견문록에서 '저택이 자리한 부지는 모두가 정사각형을 이루도록 직선으로 구획되었다'고 사합원을 표현했다.

♣ 중국 당대 귀족 저택 명기

세계 어느 나라의 건축에나 중정(中庭)은 있다. 멀리는 이집트, 그리스, 로마 등, 동양권의 중국, 일본에서 대부분 주거형식은 모든 시대에 중정을 중심으로 만들어졌다. 중정은 방어와 채광, 관리에 용이하다.

♣ 중국 공왕부 사합원 마당

조선시대 주택 마당은 신분계급에 따라서 엄격하게 나누어진다. 서민주택 마당은 앞마당이 주가 되고 타작마당, 동네 공동작업장으로 쓰였다. 중류주택 마당은 독립된 건물이 늘고 앞마당, 뒷마당, 옆마당 등 몇 개의 마당이 있다.

상류주택에서 마당에 정원을 적극적으로 만들었는데 사랑마당과 별당, 별채에 정원을 만들었다. 사랑마당에는 담장주변에

♣ 경복궁 교태전 후원의 아미산 정원 화계 전경.

꽃이 아름다운 초화류와 기이하게 생긴 괴석을 놓기도 하고, 연못을 파거나 장소가 적당치 않으면 석연지(石蓮池)를 놓고 연을 즐기기도 했다. 별당 앞에는 꽃이 화사한 과일나무 등을 심었다. 그리고 별채에는 연못을 중심으로 정원을 꾸몄다.

우리나라 건물은 '산을 등지고 물을 가까이한다'는 배산임수(背山臨水)에 따라 후원은 언덕이 된다. 이 언덕에 궁궐에서는 장대석을 쌓고 민가에서는 자연석을 쌓아 계단형식의 화단을 만들었는데, 이 화단이 '화계(花階)'다.

화계에는 화초와 과수를 심었다. 경복궁의 아미산정원과 창덕궁의 주합루나 낙선재에는 아름다운 화계가 있다. 궁궐의 화계에는 화초나 과수 이외에 괴석과 석조, 장식 굴뚝 등을 설치했다. 경복궁에 있는 왕비 침소인 교태전 뒤에 있는 아미산 화계는 그중 으뜸간다.

화계는 한번 궁궐에 들어오면 죽어서 관으로 나갈 때까지 오직 궁중 안에서만 생활해야 하는 구중궁궐(九重宮闕) 속의 여인의 한이 서린 곳이다.

아미산 화계에 놓인 석조에 '붉은 노을을 담는 못'이라는 뜻의 낙하담(落霞潭)이나, '보름달을 담는 못'이라는 뜻의 함월지(涵月池)를 새긴 것은 '작은 것에서 큰 것을 본다'는 소중현대(小中顯大)라고나 할까, 이곳에서 작은 곳에 우주를 담아 즐긴 조상의 풍류를 엿볼 수 있다.

일본에서 '정(庭)'이라고 하는 글자의 고자(古字)는 '정(廷)'으로 궁전의 앞뜰(前庭)을 말한다. 이 정(廷)에 부속하는 원(園)이 정원(庭園)이다.

고대 일본 정원은 동아시아정원과 마찬가지로 건축과 주로 건물의 남측에 만들어지는 뜰(庭)이며 의례와 연회를 베풀던 장소였다. 이러한 의식의 배경이 됐던 원(園)에는 자연 풍물이나 명승을 도입해서 넓은 의미로 경치를 축소해서 나타내는 축경(縮景)을 만들었다.

♣ 일본 헤이안 시대 정원을 묘사한 그림

일본의 헤이안 시대에 쓴 사쿠테이키(作庭記)에는 주 건물에서 연못까지의 남쪽 뜰에서 다양한 행사와 뱃놀이를 했다 한다. 당시 정원에는 돌, 다양한 식생, 샘, 연못, 섬, 계류, 다리, 폭포 등이 있었다.

중세로부터 근세에 걸쳐 쇼인즈쿠리(書院造) 건축의 등장과 함께 의례나 연회의 규모가 축소되고 그 장소도 실내로 옮겨졌다. 정원은 실내의 특정 장소에 앉아서 바라볼 수 있도록 만들어졌다.

감상의 대상이 된 정원 중에서 가레산스이(枯山水) 정원은 담장이라는 인공적 틀을 설치하고, 그 안쪽에 모래나 돌을 깔고 주변에 다듬은 나무들을 배치해 자연의 추상경을 나타내며 마음의 풍경을 그리려고 했다.

담장 너머로 풍경을 조망하면 또한 이 풍경이 정원의 일부로 느끼게 된다. 조망을 구체적으로 정원에 끌어들인 것이 근세 정원의 차경(借景)이다. 이 차경수법은 특히 한・중・일 정원에서 흔히 볼 수 있다.

8. 풍수와 정원…
나무 한 그루로도 팔자 바뀐다고 믿어

중국 청대 문인 조문식(曺文植)이 쓴 시 '서체(西遞)'는 무릉도원을 연상시킨다. 오랜 역사를 갖은 안후이성(安徽省) 남부 휘주 마을을 바탕으로 쓴 이 시는, 풍광이 아름답고 풍수이론을 완벽하게 갖춘 마을 풍경을 생생하게 묘사하고 있다.

青山雲外深 청산은 구름 밖으로 깊어가고
白屋煙中出 하얀 집들은 연기 중에 나타나는데
雙澗左右寰 두 줄기 개천은 좌우로 흘러가고
群木高下密 나무숲들이 산중에 빽빽이 들어찼구나
曲徑彎如弓 산골 오솔길은 구불구불 돌아가고
連墻若比櫛 집 둘레 담장들이 총총 들어서 있는데
自入桃源來 무릉도원에 들어서 보니
墟落此第一 촌부락 중 여기가 제일이구나.

풍수는 원래 고대 중국에서 유래했다. 풍수는 자연 세계가 작용하는 법뿐만 아니라, 거기에서 사람들의 책략을 정하는 점술도 포함된 광범위한 복합적 개념이다. 당시 사람들은 풍수원리에 따라 만든 정원은 안식처를 제공하고, 풍수원리를 무시하고 어겼을 경우 재앙을 준다고 믿었다.

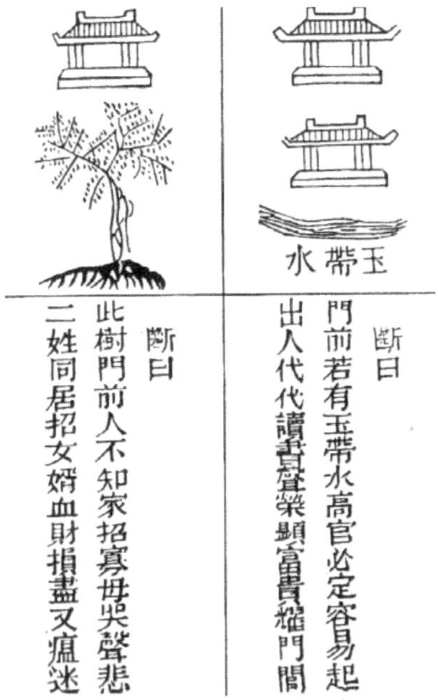

♣ 중국의 풍수지침서

중국인들은 정원을 만들 때 풍수이론을 바탕으로 우선 좋은 방향을 선택하고 나서 선호하는 숫자로 나무, 돌 등을 홀짝수 배열했다. 정원에 나무를 심을 때 동쪽에는 청룡, 서쪽에 백호, 남쪽에 주작, 북쪽에 현무로 동서남북에다 사신상응(四神相應)을 배치했다. 방위 별로 기피 해야 하는 나무도 있었다. 물 흐름은 방향에 따라서 순류와 역류가 있다.

'거가필용(居家必用)'은 중국 원대에 쓰였다. 이후 동아시아 각국에서 정원을 만들 때 거가필용의 영향을 많이 받았다.

'주택의 동쪽에 살구나무가 있는 것은 흉하다. 북쪽에 배나무가 있고, 서쪽에 복숭아나무가 있으면 사는 사람이 모두가 음탕하고 사악한 일을 행한다. 서쪽에 버드나무가 있으면 사형을 당한다. 동쪽에 버드나무를 심으면 말이 불어나고, 서쪽에 대추나무를 심으면 소가 불어난다. 중문(中門)에 회화나무가 있으면 3세(世)가 되도록 부귀를 누린다. 뒤쪽에 느릅나무가 있으면 갖가지 귀신들이 접근하지 못한다.'

♣ 중국 장시(江西)성 왕커우촌(汪口村). 중국에서 풍수적으로 가장 아름다운 마을로 꼽힌다.

일본 헤이안 시대의 정원서 '사쿠테이키(作庭記)'에는 사신(四神)과 상응하는 나무 심는 법이 있다.

'집에서 동쪽으로 흐르는 물을 청룡으로 하며, 만약 이러한 유수가 없으면 버드나무를 9그루 심어 이를 대신한다. 서쪽에 대로가 있는 것을 백호로 삼고, 만약 이러한 대로가 없으면 대추나무를 7그루 심어 대신한다. 남쪽 앞에 연못이 있는 것을 주작으로 하고, 만약 연못이 없으면 계수나무를 9그루 심어 대신한다.

북쪽 뒤에 있는 언덕을 현무로 삼고, 만약 이 언덕이 없으면 노송나무 3그루를 심어 대신한다. 이러한 배치를 통해서 관직에

오르고 복되고 영화로운 삶을 누리며 무병장수하게 된다. 이러한 배치를 갖추고 있으면 이외에 어느 나무를 어느 방위에 심든지 무방하다.

나무를 심을 때도 금기해야 할 점이 있다. 문의 중심에는 나무를 심지 말아야 하는데 이는 심었을 경우 한(閑)의 글자가 되기 때문에 좋지 않다. 뜰 중심에는 나무를 심지 말아야 하는데, 이는 심었을 경우 곤(困)의 글자가 되기 때문에 좋지 않다. 아울러 집에도 부지의 중심에 나무를 심는 것은 수(囚)의 글자가 되기 때문에 하지 말아야 한다.'

♣ 전라남도 구례군의 운조루. 옛부터 풍수의 명당터로 알려져 왔다.

일본인들은 물의 흐름도 사신(四神)과 상응해야 땅의 이로움을 얻을 수 있다고 한다. 동쪽에서 남서쪽으로 흐르게 하는 물을 순류(順流)라 하고, 서쪽에서 동쪽에 흐르는 물을 역류(逆流)라고 해서 물은 동쪽에서 남서쪽으로 흐르게 해야 한다.

'차아유정고법비전지서(嵯峨流庭古法秘傳之書)'는 무로마치 시대의 풍수서다. 이 책은 정원 만들 때 우선 방향을 고려했다.

'정원에서 두 가지 상서로운 것 중 하나는 동쪽, 남쪽, 서쪽에 있는 정원이고, 두 번째는 폭포의 입구 뒤에 높은 산과 큰 나무가 있는 것이다.'

일본인들은 좋아하고 싫어하는 숫자에 따라서 나무와 돌을 배치하기도 했다. 특히 4라는 숫자를 기피하고 돌이나 초목을 개체로 취급하는 것을 꺼렸다. 일본 문화에서는 짝수보다 칠, 오, 삼이라는 홀수를 선호했다. 특히 4는 꺼리는 숫자였다. 정원의 구성에서도 마찬가지다.

'네 개의 돌과 네 개의 꽃, 돌 하나 나무 한 그루 풀 한 포기는 피해야 한다. 네 개의 돌이란 돌 네 개를 한 번에 세우는 것, 네 개의 꽃이란 꽃피는 나무 네 그루를 심지 않는 것, 돌 하나라는 것은 가령 형태가 좋은 돌이라도 한 개만은 세우지 않고 반드시 다른 돌과 함께 세운다는 뜻이다. 작은 정원이라도 나무 한 그루와 꽃 한 포기는 심지 않는다. 다만 정원이 큰 경우에는 여

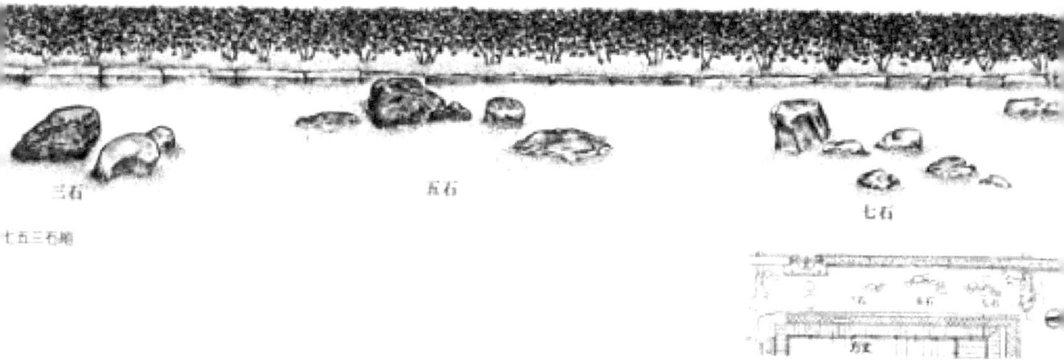

♣ 일본 교토 다이토쿠지(大德寺) 신쥬안(眞珠庵) 정원 七五三 석조

러 돌이 많으므로 하나만 세워도 된다.'

일본인은 7은 'lucky 7', 8은 한자 '八' 모양이 점차 번영하는 모습이라고 좋아한다. 또 4는 일본어로 し(시)라고 읽는데 死(죽을 사)도 し(시)라고 발음한다. 9역시 く(쿠)라고 읽는데 苦(괴로울 고)도 く(쿠)라고 발음하는 탓에 일본인들은 4와 9를 싫어한다.

미신은 풍수와도 밀접한 관계가 있다. 중국인들의 좋아하는 수는 8, 6, 9, 2이고 반면 혐오의 대상은 4, 10, 13 등이다. 그러나 일본인들과는 다르게 숫자와 정원관계는 분명치 않다. 우리 정원에서도 마찬가지다.

일본인의 숫자에 대한 신앙은 칠오삼(七五三) 돌 놓기(石組) 방식에서 뚜렷이 보인다. 칠오삼 돌 놓기는 중앙에 일곱 개의 석조, 그 오른쪽으로 다섯 개의 석조, 왼쪽으로 세 개의 석조로 조합돼 있다. 선종사원의 가레산스이(枯山水) 정원인 료안지(龍安寺) 방장 정원이나 다이토쿠지(大德寺) 신쥬안(眞珠庵) 방장 동쪽 정원 등에서 볼 수 있다.

9. 왕희지도 즐겼던 계곡에 술잔 띄워 마시는 '곡수유상'

하루종일 세속의 잡무에 시달리던 고대 지식인들은 늘 자연을 동경의 대상으로 삼았다. 이들은 입세(入世)와 출세(出世) 사이에서 고뇌하며 마음속 응어리를 쏟아냈다. 입세는 나라를 다스려 세상을 이롭게 하고 백성을 편안하게 해 천하를 선하게 하는 것이고, 출세는 자연 속에 은둔하며 자연을 즐기는 삶을 추구해 홀로 자신만을 선하게 하는 것이다.

춥고 긴 겨울이 지나가고 만물이 소생하는 따뜻한 봄이 찾아오면, 겨우내 집안에 움츠렸던 사람들은 교외로 나아가 봄의 기운을 느끼고, 봄의 푸름을 감상하며, 봄바람을 쐬고, 목욕재계를 한다. 상고시대 사람들은 무속 의식을 통해 겨우내 가졌던 스트레스와 답답함을 쓸어버리고 새로운 한 해 동안의 각종 재해, 질병, 불운 등을 떨쳐내고자 했는데, 이것을 불계(祓禊) 또는 수계(修禊)라고 했다.

목욕으로 재액을 떨쳐버리는 무속 행위는 주(周)나라 때 시작됐다. 그때는 늦봄 음력 3월 3일 상사일이며, 상사절은 제사의 례였을 뿐만 아니라 관민이 모두 참여하는 성대한 명절이었다. 상사절은 한나라 때에 매년 음력 3월 3일로 고정한다고 기록돼 있다.

♣ 중국 시아오싱 난정에서 곡수유상하는 사람들

속세를 떠나 세상에 얽매이지 않았던 지식인과 문인들은 시와 술에 도취하고 자연을 추구하는 '곡수유상'을 즐겼다. 곡수는 굽은 계곡이나 강물을 말하는데, 굽이굽이 흐르기 때문에 흥미를 더해주고 화기애애한 분위기를 만든다. 유상은 떠다니는 술잔이다.

상(觴)은 술잔인데 고대에는 술을 따르는 도구였다. 주로 나무나 토기로 만들며, 나무 잔은 물에 잘 뜨도록 밑에 받침을 만든다. 토기 잔은 2개의 손잡이가 달렸고 새 깃털과 비슷해서 '우상(羽觴)'이라고 했다.

굽이굽이 흐르는 물 위에 술잔을 띄운 다음 술잔이 누군가의 앞에 오면 바로 시 한 수를 짓고 그렇지 않으면 벌주를 마신다. 술잔은 떠다니는 잔 받이 위에 놓아서 흘러 내려가도록 했다.

곡수유상이 중국 정원에서 중요시된 때는, 동진(東晉) 시대다. 동진 목제(穆帝) 영화(永和) 9년(353년) 3월 3일에 절강 산음(山陰, 현 소홍)의 난정(蘭亭)에서 서예가 왕희지는 문인과 선비를 불러 모아 수계 의례를 행하고 곡수유상을 즐겼다.

왕희지의 '난정서(蘭亭序)' 중에서

영화(永和) 9년 계축 늦봄 초에 회계산음(會稽山陰) 난정(蘭亭)에 모여 수계를 했다. 여러 현사(賢士)들과 젊은이, 어른들이 모두 모였다. 이곳은 높은 산과 가파른 고개가 있고, 무성한 숲과 길게 자란 대나무가 있다. 또 맑은 물과 요동치는 여울이 좌우로 비추고 있다. 물을 끌어다가 곡수에 술잔을 띄우고 차례대로 앉았다. 비록 관악과 현악의 음악 소리는 없지만 술 한 잔과 시 한 수가 있으니, 그윽한 심정을 마음껏 펼 수 있었다. 비록 취하고 버리는 것이 만 가지로 다르고 고요하고 급함이 같지 않으나, 저마다 자신의 처지에 만족하면 즐겁고 만족해서 늙음이 오는 것도 알지 못한다.

♣ 중국 진(晋)시대 난정 수계도. 난정에서 벌인 곡수연 그림

난정의 곡수유상 행사는 난정수계도에 나타나 있다. 1300년 전 난정에서의 곡수유상에 참여했던 사람은 41명으로 그 중 26명은 시구를 지었고, 나머지 15명은 시구를 짓지 못하여 벌주 3잔을 마셨다.

당시 혼란스러운 사회속에서 지식인들은 현실 정치에서 물러나 매일 세상에 물들지 않은 맑은 이야기(청담, 清談)만을 숭상하거나 현실을 떠나 자연에 은거했다.

곡수유상은 후대로 이어졌다. 특히 당 장안성에서는 3월 상사일에 성 동남쪽의 곡강(曲江) 부용원(芙蓉苑)에서 봄놀이를 즐겼는데, 이날 많은 사람이 곡강 일대에 모여 장안성의 절반이 텅 빌 정도였다고 한다.

명대 황중소(黃仲昭)의 시에는 '물은 샘에서 흘러나와 쉽게 가득 차고, 잔은 굽은 물길을 따라 느리게 흐른다.'고 했다.

중국 항조우(杭州)에서 1시간 거리의 시아오싱(紹興) 난정은 현재 중국에서 곡수유상 행사가 가장 활발한 곳이다. 이곳은 원래 위치에서 평지로 내려와 청대에 복원됐다. 난정의 건물과 왕희지의 글씨, 진(晉)시대에 곡수유상연을 했던 계류, 주변의 정각(亭閣) 건물 등 주변환경이 잘 복원돼 있다.

♣ 일본 모쓰지에서 곡수연하는 모습

현재 일본에서 옛 곡수연을 부활시킨 곳은 여러 곳 있지만 모쓰지(毛越寺) 곡수연은 그 중 인상적이다.

모쓰지는 이와테현 히라이즈미에 있는 헤이안 시대 후기의 정원이다. 모쓰지 정원은 복원정비를 목적으로 20세기 말 발굴조사를 했고 곡수도랑은 전체 길이 80m로 일본 최대 규모다.

일본에서 곡수연은 나라, 헤이안 시대에 성행했다. 모쓰지의 곡수연은 매년 5월 4번째 일요일에 열리며 남성, 여성이 헤이안 귀족의 의관을 갖추고 잔을 띄우고 곡수 가에서 가인들이 노래 제목에 따라 노래를 부르고 술잔을 기울인다. 수백명의 관람객이 참석해서 즐기고 있다.

♣ 현재 포석정 풍경사진. 석구만 홀로 남아있다.

포석정은 경주에 있는 신라시대 곡수유상, 우리 기록은 유상곡수 유적이다. 포석정은 현재 석구만이 남아있어서 황량하기 그지없다. 그동안의 연구들을 종합하고 중국의 곡수유상, 일본의 곡수연을 사례로 삼아서 경주시는 앞으로 유상곡수연을 복원할 계획이고 현재 준비 중이다.

10. 포석정은 신라 경애왕이 술 마시며 놀다가 죽은 장소가 아니다

포석정은 경주 금오산의 서쪽 기슭에 있다. 돌을 다듬어 거북(鮑魚) 모양으로 만든 유상곡수(流觴曲水)의 유적이다. 포석정 일대는 월성 남쪽의 이궁터(離宮址) 즉, 임금이 행차하였을 때 머물던 별궁(別宮) 터다.

포석정은 삼국유사에 '왕(憲康王)이 포석정에 갔을 때, 왕 앞에서 남산신(神)이 나타나 춤을 추었다…왕도 따라서 춤을 추었다…신라인들은 이 춤을 어무상심(御舞祥審), 또는 어무산신(御舞山神)이라 한다'는 기록이 있다.

♣ 중국 베이징, 심추청(沁秋亭)에서 곡수유상을 하는 구불구불한 도랑인 곡수거.

신라 멸망과 관련해서 경애왕이 잔치하고 놀다가 후백제 견훤에게 항복한 곳이었다 한다. 그러나 삼국유사는 고려 일연이 지은 것으로 고려 건국을 합리화시키기 위해서 적의 침입도 모르고 잔치를 벌였다 하여 신라를 타락한 국가로 비하한 것으로 보인다.

고고학 해석에 따르면 포석정은 제사를 지내던 사당, 나정에서 시조묘 제사 후에 연회를 하던 장소였다.

중국 진(晉)시대에 시작된 곡수유상연은 일본에서는 8세기때 최초로 곡수연을 했다는 '니혼쇼키(日本書紀)' 기록이 있다. 곡수연(曲水宴) 그림도 현재 쿄토고소에 남아있다.

일본에서 가장 오래되고 뛰어난 시가(詩歌)집 '만요슈(万葉集)'에는

'늦봄에 봄의 풍경은 아름답고, 상사(上巳)의 부드러운 바람은 살랑거려서 경쾌하게 불고, 찾아온 제비는 진흙을 입에 물면서 집에 축하하러 들어오고, 돌아가는 기러기는 갈대를 뽑아 멀리 바다 쪽으로 간다. 당신이 벗을 불러 곡수연을 새롭게 열고, 부지런히 잔을 강의 맑은 물에 띄웠다고 들었습니다.'

♣ 쿄토고서(京都御所) 常御殿에서 곡수연하는 그림.

헤이안 시대 한시문집 '간케분소(菅家文草)'에도 다음과 같이 기록돼 있다.

'3월 3일, 주작원(朱雀院)의 연못 옆에서 곡수연을 열었다. 중국 한 무제의 백량대(柏梁台)를 본 따서 노송나무로 난정백량전(蘭亭柏梁殿)을 만들고…이것은 모두 유유자적, 조용하게 해와 달을 즐기고, 무위자연을 즐기고, 풍월을 시로 짓고, 시절을 중요시하는 뜻이다…가는 봄을 아껴서 어떻게 중국 당 장안의 곡강지(曲江池) 근처로 갈 수 있는가. 날개장식이 붙은 술잔을 물결

위에 띄운 중국 진나라 난정의 모습을 멀리 생각할 뿐이다.'

포석정의 유상곡수연은 후대로 이어졌다.

고려시대 시문에는 왕희지의 '난정기(蘭亭記)' 내용이 많다. 고려시대의 문신 이규보(李奎報)가 쓴 '계연(禊宴)에 초청받은 것을 사례하는' 글도 있다.

조선시대 중종, 정조 때 창덕궁 옥류천에서 유상곡수연을 연 기록이 있다.

중종 11년(1516) 9월 8일 '대비전의 곡연(曲宴), 궁중 후원에서 베푸는 잔치에서 백관이 곡수(曲水)가에 앉았다가, 위쪽에서 띄운 술잔이 자기 앞에 오기 전에 시를 짓고 잔을 들어 마셨다. 곡수연(曲水宴)은 한 나라에서 봉양하는 것이라 풍악을 써도 가하지만...'

지방 각지에서도 유상곡수연을 즐겼다.

황해도(黃海道) 황주목(黃州牧) 이행(李荇)의 글에는 '가는 비 분분하게 옥루(玉樓)에 뿌리는데...난초를 쥐고 수계(修禊)하며 새 즐거움 맞이하는데, 곡수유상(曲水流觴) 좋은 놀이 모였구나...'

조선 문종, 세조, 성종 때의 조선 최고의 문장가요 학자인 서

♣ 일본 교토 죠난구(성남궁)에서 곡수연하는 모습.

거정(徐居正)은 유상곡수연의 흥겨움을 시문으로 표현했다.

서거정(徐居正)의 사가집(四佳集), 3월 3일에

삼월 삼짇날 좋은 명절을 만나서/ 三三逢令節

…

곡수연은 도화수 물결에 베풀고/ 曲水桃花浪
깊은 술잔은 죽엽춘을 마셨는데/ 深杯竹葉春
시는 두자미의 절묘함이 가련하고/ 詩憐工部妙
글씨는 왕희지의 진서가 사랑스럽네/ 筆愛右軍眞

서거정(徐居正)의 사가집, 노찬성(盧贊成)의 효사정(孝思亭)

…시냇물을 끌어다 술잔 띄울 곡수를 만들고, 차례로 벌려 앉으니, 비록 관현악의 성대함은 없으나, 술 한 잔을 마시고 시 한 수를 읊는 것이 또한 그윽한 정을 펴기에 충분하다.

♣ 박창규(朴昌珪)는 정조 이후 인물로, 인두로 그린 포석정에서 하는 유상곡수연을 그렸다.

조선시대 18세기말 박창규가 그린 인두로 그린 그림(烙畵)에 유상곡수도가 있다. 이 그림에서는 포석정 도랑 내부에서 유상곡수연을 벌이고 있다.

중국에서 명청대에는 구불구불 흐르는 물에 잔을 띄우는 유배지(流杯池)와 유배정(流杯亭)이란 정자를 짓고 정자 안에서 구불구불한 물 흐르는 도랑인 곡수거를 설치해서 곡수유상을 즐기기도 했다.

일본에서 10세기 후반 이후 여러 기록에 나온 곡수연 행사는 9시~11시 사이에 집사들에 의해 고위고관 · 왕과 자리를 함께하는 사람(殿上人) · 문인의 자리가 정해지고, 그 후에 다음 순서로 곡수연이 진행됐다.

① 13시~15시, 고위 고관들 참석 → 15시~17시, 귀빈 도착과 주최자의 아버지 섭정(攝政)이 영접, 그들 자리를 지정 → 귀빈과 주최자가 손을 모아 절하고 착석 → 고위고관 이하가 정원의 자리에 착석

② 흐르는 물에 술잔을 띄움 → 귀빈에게 시제목 반침, 주최자와 섭정에게 시제목 보게 함, 귀빈이 하는 사회자의 말씀 → 고위고관 · 왕과 자리를 함께하는 사람이 연주하는 관현과 배(船)음악

③ 일몰쯤, 귀빈과 주최자, 왕과 자리를 함께하는 잔치 자리로 이동 → 술잔 세 번 올리고 관현악

④ 문인 시를 지어 받침, 사회자가 순서를 받침 → 강사 착석 → 시 낭독

⑤ 답례품

⑥ 한밤중, 고위 고관들 퇴출

11. 아파트 단지 내에 석가산 들이니 평당가격까지 올라

가산을 만든 역사는 길고, 그동안 훼손된 것도 적지 않다. 요즈음 모 건설회사들에서 아파트 단지 내에 만들기 시작한 석가산은 아파트 평당가격을 올릴 만큼 인기가 있다. 가산 중 붓글

♣ 서울의 한 아파트 단지 내 만물 석가산. 석가산을 현대적으로 재해석했다.

씨 쓸 때 먹물을 담는 연적으로 사용하는 옥가산은 옛모습을 재현한 것들이 많다.

옥가산은 주로 사랑채 문갑 위에서 볼 수 있는 연적이다.

조선 말기 문인 유도원(柳道源)은 '노애집(蘆厓集)'에 쓴 '옥가산기'에서 옥가산의 생김새와 명산의 폭포를 상징했고, 와유의 즐거움을 기록했다.

어리석은 나는 산을 옮기고자 한 지가 오래됐는데, 올해 겨울에 소옹(素翁) 김정지(金定之)가 옥가산을 짊어지고 찾아와 나에게 주었다. 내가 절하여 받고 완상하였다.

산은 모두 다섯 봉우리인데 가운데 있는 것은 가파르고 높았다. 양옆으로 가면서 조금씩 낮아지며 빼어남을 겨루는 것이 넷이었다. 사면에는 기암괴석이 이루 헤아릴 수 없이 많았고, 바위틈과 돌구멍에는 때로 사찰을 두기도 했다.

그 가운데를 비워 물 한 되를 담을 수 있게 하고, 동쪽과 서쪽 두 봉우리에 물이 들어오고 나가는 구멍이 있다. 때때로 물이 나와 흐르면 마치 높은 산에서 떨어지는 폭포와 같이 황홀했다. 완상하며 음미하노라니, 백두산의 장백폭포와 향로봉의 비류(飛流)폭포를 앉아서 보는 것 같았다.

나는 평소 산수에 대한 벽(癖)이 있었지만 만년에 기거하는 곳에는 즐길 만큼 아름답고 빼어난 산수가 전혀 없었다. 다행히 이 옥가산을 얻어 문을 나가지 않고도 두 가지 즐거움을 갖추게 됐으니, 옛 사람이 와유(臥遊)할 밑천으로 삼았던 것뿐만이 아니었다.

♣ 중국 청대의 옥가산. 미국스탠포드 대학 박물관 소장.

괴석(怪石)은 흔한 돌과 생김새가 달라서 붙인 이름이다. 괴석은 돌로 만든 분에 담아 화단에 배치하거나 땅에 바로 세우기도 한다.

우리나라 괴석은 중국 태호석보다는 작고 소박해 보이는데 궁궐이나 민가 정원에서 많이 애용됐다. 중국인들은 기괴한 모양의 태호석 덩어리를 즐겨 완상했고, 이 태호석은 우리 민화에서도 종종 볼 수 있다. 서울 안국동 고 윤보선 대통령 생가에도 자그마한 태호석 몇 덩어리가 있다. 중국과 교역할 때 태호석이 들어오거나 중국에서 선물로 받은 것 같다.

♣ 낙선재후원 화계앞의 괴석. 삼신산의 하나인 영주 글자를 볼 수 있다.

조선전기의 문신인 김수온(金守溫)이 '식우집(拭疣集)'에 쓴 '이끼로 덮인 괴석(苔封怪石)'에는 기괴한 모양의 괴석이 잘 묘사돼 있다.

物有異常者 보통과 다른 물건이 있으면
人皆以怪稱 사람들 모두 괴이하다 말하지.
風扣坳有穴 바람이 두드려 팬 곳은 구멍이 있고
雨洗峭成稜 비에 씻겨 깎인 곳은 모가 나 있네.
剝落千年態 천 년의 세월에 벗겨진 모양이고
巉岩大古層 가파른 바위는 태고적에 쌓인 것이네.
無由究終始 처음과 끝을 궁구할 길 없고
只見綠苔凝 그저 푸른 이끼 엉긴 것만 보이네.

조선 중기의 문신인 최립(崔岦)의 '간이집(簡易集)'에 있는 괴석시는 '열자(列子)'에 나오는 이야기다.

활쏘기에 뛰어난 예(羿)라는 사람은 남에게 활쏘기를 가르칠 때, 이 한 마리를 창에 매달아 놓고 삼년 동안 쳐다보게 했다. 그러면 이 한 마리가 수레바퀴처럼 커 보이게 되는데, 그다음에 활을 쏘게 되면 아무리 작은 표적이라도 백발백중이었다. 시인이 얻은 괴석은 조그만 것이지만, 활쏘기를 배우는 사람이 이 한 마리를 응시하듯 바라보니 괴석이 진짜 산처럼 커 보이게 되어, 더는 진짜 산을 볼 필요가 없게 됐다.

일본 13세기에는 중국 선(禅)의 영향을 받아, 불필요한 것을 배제하는 가르침으로부터 가레산스이 정원이 발전했다.

일본 전통정원 스타일은 차실이 있는 다정, 걸으면서 감상하는 회유식 정원, 상징성과 축약성이 뛰어난 가레산스이 정원으로 대표되며, 전통을 현대적으로 재해석하여 끊임없이 불필요한 것을 삭제하며 본질적인 것을 추구하는 미니멀리즘의 경향이 뚜렷하다.

도시 내의 좁은 공간의 정원과 다정(茶庭), 가레산스이 정원에서 이러한 경향이 뚜렷하다. 특히 시게모리 미레이(重森三玲)의 모던 가레산스이 정원은 무로마치(室町) 시대의 명상하는 선(禪)의 정원인 가레산스이 스타일을 현대화시킨 대표적인 작품이다.

근대 이후 일본전통정원은 단순미와 추상미가 뛰어남을 자랑하면서 오늘날 미니멀리즘 공원스타일의 기본 모델이 되고 있다.

중국 항저우에 있는 호설암고거는 19세기 후반에 만들었다. 청말 이후 파괴되었고 20세기초에 복원됐다. 호설암고거에는 특히 잘 계획된 지원(芝園)이라는 정원이 있다. 여기에는 태호석으로 만든 탑들이 있고, 정원 연못 중앙에 정자가 있다. 또한 정원에 있는 석가산은 태호석으로 인위적인 동굴을 만들고, 중앙건물 하층 부분에 기초석으로 사용됐다.

♣ 일본 기타노 미술관 정원. 시게모리 미레이가 가레산스이를 현대화했다.

중국에서 산과 물은 예로부터 정원의 주제였는데, 현대에는 정원스타일이 확대되어 도시에서는 산과 물이 더는 주제가 될 수는 없다. 주로 석가산으로 만든 석경(石景)은 정원의 중심에서 현대정원의 발전에 따라 조각품으로 많이 바뀌가고 있다.

12. 不老不死 꿈꾸며 신선 놀음을 즐기다

영원히 늙지 않고 죽지 않는 불로불사(不老不死)의 세계에 도달하고 싶어하는 욕망이 일반인들 사이에 널리 퍼지기 시작한 때는 중국의 전국시대(BC 403~221)부터다. 신선사상의 영향으로 불로불사를 원하며 정원에 연못을 파고 신선이 산다고 믿었던 영주, 방장, 봉래의 3섬을 만들었다.

진(晉)나라 왕가(王嘉)가 쓴 습유기(拾遺記)에는 봉래산이 묘사돼 있다.

> 높이는 2만 리요 넓이는 7만 리이다. 물은 얕고, 자잘한 돌이 금옥과 같아서 돌을 다듬지 않아도, 자연적으로 빛이 나고 맑으니 신선이 그것을 복용한다.
>
> 동쪽에는 울이국이 있는데 당시 거기에 금빛 안개가 있었다. 모든 신선은 이 위에서 항상 떠다니며 오르내렸고 산 위에는 누각 같은 것이 있는데, 집은 항상 밝은 곳을 향한 채로 문이 열려 있었다.
>
> 안개가 없어지면 그 문이 모두 북쪽을 향했다. 그 서쪽에는 함명국이 있다. 사람들은 새털을 엮어서 옷을 만들고 이슬

♣ 중국 당(唐)시대 묘에서 나온 귀족 저택의 석가산

을 받아 마셨다. 하늘 끝까지 높이 올라가 물을 취했고, 또 금·은·창환·수정·화조로 섬돌을 장식했다.

한무제(BC 156~87)는 현실적으로 이루어질 수 없는 신선의 세계를 그리며 건장궁 북쪽 태액지에 신선도(神仙島)를 만들었다. 한무제는 이곳에 돌로 만든 물고기와 거북이를 두었다.

먼저 돌 물고기는 길이가 2장(1장은 약 3.03m), 폭이 5척(1척은 약

30.3㎝)이다. 돌 물고기이긴 하나 물고기 모양은 아니다. 돌 거북은 두 마리인데 각각 길이가 6척이다.

신선도는 연못 속에 떠있는 모양이다. 연못 중심에 점대라고 하는 물에 잠긴 건물도 있었다. 이 건물은 높이가 20여장이고 점대 중심에는 석어 1마리, 석구 2마리가 수영하는 모습이었다고 한다.

점대에도 동(銅)으로 만든 선인(仙人) 등이 놓여 있었을 것이다. 점대는 봉래산(蓬萊山)이다. 돌로 만든 물고기 세 마리와 거북은 방장(方丈), 영주(瀛洲), 호량(壺梁) 등을 나타냈다.

연못의 남측에는 옥당과 벽문, 동으로 만든 큰 새 종류가 장식됐다. 큰 새는 봉황이나 천 년을 산다는 학 종류였을 것으로 추측된다.

♣ 일본 나라시대 도인 정원에 있는 봉래산 돌짜임과 홍교의 모습

일본 아스카 이후 가마쿠라시대부터 일본정원은 중국의 신선사상 영향을 받아 봉래산을 연못 중앙 섬에 만들었다.

당시 일본인들은 봉래산에는 반드시 소나무를 심는다고 여겼는데, 소나무가 없는 경우는 거북 모양의 돌을 설치했다고 한다. 봉래산은 길상(吉祥)을 나타내는 거북과 학을 상징하는 돌 등과 함께 일본정원의 중요한 구성요소다.

'당대원림별업고론(唐代園林別業考論)'에는 돌을 놓아 산을 쌓는다는 문장들이 있다.

> 조각한 봉황새와 서려 있는 용이 화려한 건물 위로 솟아 있다. 못을 파고 쌓은 돌들에 봉래산이 솟아있다. 맑은 못에는 석가산이 높이 솟아 있고 온갖 풀짜기와 많은 바위에는 푸른 이끼가 가득 끼었다.

> 가산은 대부분 여산(廬山)을 생각하고 만들었고, 일찍이 낙양에서 거주했는데 여산을 그리워하다 꿈에서 깨어 벽에 그림을 그리는데 십년이 걸렸다.

1959년 중국 섬서성 서안(西安)시 서쪽 교외에 있는 당시대 묘(唐墓)에서 나온 주택모형 후원(後院)에는 팔각정과 함께 역사상 최초로 보이는 석가산 유물이 있다.

♣ 일본 헤이안 시대 중기에 그린 봉래산 도면

석가산은 험준하고, 산과 봉우리는 여러 겹 쌓여 있고, 녹색이 깔린 자리와 같고, 새들이 혹 산간에서 노래하고, 연못가에서 물을 마시는 모양이다.

당시대의 석가산과 동도(東都) 낙양의 유명한 정원을 기록한 이격비(李格非)의 '낙양명원기(洛陽名園記)'에서는 당시의 귀족정원은 돌을 쌓아 가산과 동굴을 만들었고 연못을 파고 누정을 짓고 화목을 심었다고 전하고 있다.

일본 나라시대 헤이죠큐 도인정원에서는 중심에 돌 하나가 우뚝 서 있고, 이 돌은 홍교(反橋)를 향해 기울어져 있다. 주변에는 비교적 가파르지 않게 돌들이 배치됐다. 돌 각각은 동굴 모양이며 봉래산 중의 신선이 산다는 동굴을 의식했던 것 같다.

♣ 경주에 있는 월지(안압지) 북쪽 호안의 돌짜임과 봉래도로 보이는 작은 섬.

안압지 중앙에 있는 작은 섬은 발굴된 흔적으로 볼 때, 중국 한(漢) 건장궁(建章宮) 태액지(太液池)와 일본 나라의 도인정원과 비교할 수 있다. 작은 섬은 삼신산의 하나인 봉래도이고, 돌을 쌓아 만든 석가산으로 보이며 한국에서 가장 오래된 석가산 유적일 것이다.

안압지 발굴 때 드러난 자연석과 발굴 흔적을 그린 도면, 동시대의 중국과 일본의 돌 배치 스타일 등에서 안압지를 만들 당시의 돌 배치 상태를 상상할 수 있다.

안압지 북쪽 호안의 돌배치는 일본 나라 도인정원에서 우뚝 선 돌이 홍교(反橋)를 향하여 기울어진 것과 거의 같다. 안압지 북쪽 호안의 우뚝 선 돌은 못 중앙에 있는 작은 섬이며 삼신산인 봉래도를 향하는 것 같다.

안압지 발굴 때 드러난 작은 섬의 돌쌓기 방식은 한 건장궁도의 태액지에서 '연못 속에 떠있는 모양으로 놓여있고 섬을 쌓고 그 위에 장식했다. 점 대의 중심에는 석어가 1마리 석구가 2마리가 수영하는 모습을 하고 있다고 상상된다'와 거의 같은 모양이다.

13. 돌 하나 쓰임새도 각기 다른 한 · 중 · 일 정원

우리나라나 중국, 일본에서는 정원에 기괴하게 생긴 특이한 모양의 돌을 써서 사람들이 석가산을 만들거나 돌 그대로를 놓고 완상했다. 정원석은 나라별로 각기 다르다. 돌은 자연에서 수집되며 수집 장소나 방법 등이 서로 다른 것 같다.

♣ 김홍도의 '단원도(檀園圖)'. 초가집 우측 연못가에 중국풍의 괴석이 보인다.

다산(茶山) 정약용(丁若鏞)은 1801년 신유사옥(辛酉邪獄)에 연루되어 강진으로 유배되고, 1808년 다산초당으로 거처를 옮겼다. '다산사경첩(茶山四景帖)'에는 바닷물에 침식된 기괴한 모양의 돌을 가져와 연못에 석가산을 만들었다 한다, 연지석가산(蓮池石假山) 시는 다산초당에 거처를 옮긴 다음 해에 쓴 것으로 보인다. 지금도 강진의 다산초당에 가면 연지석가산을 볼 수 있다.

따라온 사람이 6, 7명이었다. 바닷물이 침식한 곳에 기이하고 이상한 돌이 많았다. 사람들이 수십 덩이를 주워다가 배에 싣고서 돌아왔다. 뒤에 그것으로 석가산을 만들었다.

蓮池石假山 연지석가산

沙灣怪石聚爲峯 모래벌판의 괴석 모아 봉우리 만드니
眞面還輸飾假容 진짜 산보다 만든 산이 더 멋있구나.
巀嶭巧安三級壒 가파른 곳 묘하게 삼층으로 앉히고
谽谺因揷一枝松 오목한 곳 모양따라 한 그루 소나무 심었네.
蟠廻譎態蹲芝鳳 서리고 휘감긴 묘한 모습 이끼낀 봉황모양 돌을 쭈그리고 앉힌 듯
尖處斑文聳籜龍 뾰족한 곳 얼룩무늬 죽순이 치솟은 듯
復引山泉環作沼 다시 산에서 흐르는 물을 끌어 빙 둘러 연못을 만드니
靜看水底翠重重 고요히 물밑을 바라보면 푸른 산빛이 어렸구나.

중국 정원에서는 태호석을 가장 많이 사용하며 중국인이 가장 사랑하고 즐기는 돌이다. 중국 당시대 시인 백거이(白居易)는 '태호석기(太湖石記)'에서 태호석을 상찬했다.

♣ 전남 강진에 있는 다산 초당 연못 속의 석가산. 대통으로 연못에 물이 흘러들어온다.

돌에는 종류가 있으니, 태호(太湖)에서 모은 것이 으뜸이고 나부산(羅浮山)과 천축(天竺)의 것이 그다음이다.…구불구불 높이 솟아 신령스런 언덕에서 피어나는 고운 구름과 같고, 바르고 의젓하게 꼿꼿이 서 있는 것이 도사(道士)나 신선과도 같고, 치밀하고 윤택하며 깎아지른 듯한 것이 홀이나 제기와 같고, 날카롭고 모난 것이 칼이나 창과 같은 것도 있다. 또 뿔 없는 용이나 봉황 같은 것이 있어 웅크리는 듯 움직이는 듯하거나 날아오르려는 듯 뛰어오르려는 듯하고, 귀신이나 짐승과 같아서 걷는 듯 달리는 듯하거나 후려치거나 싸우려고 하는 것도 있다. 바람이 거세고 비 내려 어두운 저녁에 끌짜기가 열려 구름을 들이마시고 우레를 토해내는 듯 우뚝하여 바라보기에도 두려워할 만한 것이 있는가 하면, 안개가 걷히고 경치가 아름다운 새벽에 바위 낭떠러지에 구름이 잔뜩 껴서 마치 푸른 산기운을 품어내는 것 같아서, 자욱하니 가까이서 즐길 수 있다. 이런 모습이 아침저녁으로 바뀌어 이름 짓거나 형용할 수가 없었다. 즉 삼산(三山)과 오악(五岳), 수많은 골짜기와 계곡들이 촘촘히 모여 모두 그 안에 있다고 하겠다. 백 길이 한 주먹이 되고 천 리가 눈 깜짝할 사이가 되어 앉아서 얻을 수가 있으니, …그러나 저절로 한번 이루어져 변화되지 않은 후로 몇천만 년이 흘렀는지 알 수 없지만, 바다 한 귀퉁이에 버려지거나, 호수 밑바닥에 잠기기도 했을 것이다. 높은 것은 거의 몇 길이나 되고 무거운 것은 천 균(鈞)(무게 30근)에 가까운데, 하루아침 사이에 채찍질하지 않았는데도 왔고 다리가 없는데도 도착하여 기이함을 다투고 괴이함을 자랑하여…

중국 북송때의 문인 미원장(米元章)이 말하는 이름난 돌 즉 태호석은 네 가지 빼어난 점을 갖춰야 한다. '투(透) · 준(浚) · 수(秀) · 수(瘦)'의 사원칙이다. '투(透)'는 구멍이 뚫려 있고, '준(浚)'은 석면의 주름이 있어야 하고 '수(秀)'는 격조 높은 기품을 풍겨야 하며 '수(瘦)'는 돌의 살이 여위어 있고 그러면서도 강한 선을 지닌 것이어야 한다.

태호(太湖)는 중국 장수성과 저장성 사이에 있다. 태호 안에는 자그마한 산들이 많이 있다. 태호석은 바로 수조우의 동서쪽 동

♣ 중국 항저우에 있는 청말 부유한 상인 호설암 고거의 석가산. 20세기 초 복원되었다.

정산 부근의 호수 밑바닥에서 산출된다.

태호석은 결이 가로세로 사방으로 뻗어 있어, 이리저리 뒤엉켜져서 있다. 돌 표면에는 전체적으로 구멍이 많이 뚫어져 요철凹凸을 만들며 풍랑에 의한 충격 때문으로 이것을 탄자와(彈子窩 총알에 벌집처럼 난 구멍)이라고 부른다. 두드리면 은은한 소리가 난다.

태호석을 채취하는 사람은 송곳과 끌을 휴대하고서 깊은 호수 속으로 들어가 기이하고 교묘한 형상을 찾아 떼어낸다. 그리고는 큰 새끼줄로 수석을 꿰어서 큰 배 위에 설치한 나무시렁에 매달아 물 위로 들어올린다.

태호석은 키가 크고 몸체가 거대한 것을 귀하게 여긴다. 그러나 헌당(軒堂)의 건물 앞에 세워놓는 재료로 적합할 뿐이다. 혹은 키가 큰 소나무나 기이한 꽃나무 아래에 놓기도 한다. 가산을 만들 적에는 정원의 널찍한 정사(亭榭)의 건물 속에 나열하는데 그럴 경우 웅장하고 위엄있는 풍경을 한껏 보여주게 된다.

일본 헤이안 시대 정원석은 그림과 문헌 속, 또 정원 발굴 때 나오는 질감이 거친 돌이다. 쿄토 북쪽의 기타야마 산지에서 수암이 생산되는데, 강 속에서 오랫동안 구르면서 둥그런 모양이

♣ 일본 우지에 있는 헤이안 시대의 뵤도인. 불당앞 연못가에서 거친 바닷가의 풍경을 나타내는 잔자갈을 깐 스하마를 볼 수 있다.

되는 화강암이나 현무암과 달리 수암은 강도가 다른 퇴적층으로 만들어져 침식이 진행되면 아주 복잡한 모양을 만든다. 이 돌을 정원 만들 때 썼다.

쿄토 동쪽 경계를 이루는 히가시 산은 대부분 화강석이며, 이 화강석은 흰색 장석과 회색 석영, 검은색 운모다. 화강석은 지표면에 노출되면 쉽게 분해되며 산에서 흘러가는 강에서 볼 수 있는 하얀 모래를 만든다. 정원의 남쪽 뜰에 바닥을 깔거나, 연못이나 계류에 거친 바닷가의 풍경인 스하마(洲浜)를 만들 때 이 모래를 썼을 것이다.

14. 돌을 신성시하며 생명체로 여겼던 일본

광대한 자연요소 중에서 '산'과 '물'은 자연 전체를 상징한다. 우리 선조들은 정원을 만들 때 자신이 경험했던 인상적인 경치를 머릿속에 그리면서 연못을 파고 돌을 쌓았다. 특히 정원에는 많은 기이한 돌들이 사용됐다.

조선 초기 안평대군(安平大君) 이용(李瑢)이 인왕산 북쪽에 지은 비해당(匪懈堂)은 세종이 당호를 하사했다. 비해는 '이른 아침부터 늦은 밤까지 게으름 없이 임금 한 분만을 섬긴다(夙夜匪解 以事一人)'는 뜻이다.

안평대군은 비해당에 가산을 만들고 여러 종의 나무를 심었다. 뜰에는 온갖 화초를 다 갖추고 외국의 기이한 물품도 가져다 놓았다.

2011년 서울시가 복원한 인왕산 수성동 계곡에는 안평대군의 집터가 있었다. 서울시는 이곳을 겸재(謙齋) 정선(鄭敾)의 '장동팔경첩(壯洞八景帖)-수성동(水聲洞)'과 인왕제색도(仁王霽色圖) 등을 근거로 해 복원했다.

신숙주(申叔舟)가 쓴 '비해당사십팔영'의 하나인 '가산의 안개

♣ 조선 시대 안평대군의 집터가 있었다고 하는 수성동 계곡. 서울시가 2011년 복원했다.

(假山煙嵐)'에는 비해당에 만든 석가산 모양과 느낀 감상을 나타냈다.

흙을 모아 섬돌 앞에 작은 산을 만드니 봉우리 · 숲 · 골짜기가 모두 있고, 아침에는 지척에서 안개가 일어나니 앉아서 아득한 안갯속에 그윽한 마음을 부친다.

성종은 비해당 안평대군의 사십팔영에 덧붙여서 시를 짓고 석가산을 중국의 명산인 여산(廬山)에 비유하기도 했다.

拳矗奇巖竅瀑泉 주먹만 한 기이한 바위 구멍에서 흐르는 폭포
怳然廬岳壓窓前 황홀이 여산이 창 앞에 있는 듯하네.
幾峯神女行雲雨 어느 봉우리에서 선녀가 구름과 비를 내리는가.
萬壑煙嵐映几筵 수많은 골짜기의 아지랑이는 책상머리를 비추네.
空洞壺中天地別 공동과 호중은 별천지인지라
晦冥塵外往來躔 어두운 속세 밖의 해 · 달 · 별 다니는 길이라네.

조선 초기 성임(成任)은 인왕산 기슭에 있는 아름다운 집안에 인공으로 산을 꾸몄다. 서거정은 '가산기(假山記)'에서 성임의 정원은 바깥으로 숲과 대나무가 둘러쳐 있고 그 안쪽에 아름다운 화초가 있으며, 그 뒤편 빈터에 금양의 바위를 가져다가 가산을

만들었다고 전해진다.

벗 성현과 함께 성임의 집을 출입했고 '석가산폭포기(石假山瀑布記)'를 쓴 채수(蔡壽)도 성임을 본떠 석가산을 만들었다. 채수의 석가산은 규모도 크고 화려했고 기술이 뛰어났으며, 성임의 석가산과 함께 조선시대 석가산을 대표한다.

♣ 안평대군은 꿈에 도원에서 논 장면을 안견에게 그리게 했다. 사진은 몽유도원도.

중국 송(宋)나라 간악(艮岳)은 천하제일의 가산을 자랑했다. 장호(張淏)는 '간악기(艮岳記)'에서 다음과 같이 전했다.

송나라 수도 개봉(開封)에 있는 황제의 정원에, 강남(江南) 여러 산에서 가장 진기하고 특이하며 아름다운 돌을 모으고 기이한 봉우리가 교묘하게 합해서 천하의 아름다움을 담아 고금의 승경을 보관함이 여기에서 다했다.

송나라 휘종(徽宗) 때(1117년)에 황제의 정원에 만세산(萬歲山)을 만들었다. 수도 개봉 동북쪽 모퉁이에 있어서 '간악(艮岳)'이라 불렀다. 휘종은 '간악기'에서 깊은 연못과 여러 산에서 가장 진기하고 특이하며 아름다운 돌을 모아왔다고 한다.

조수(祖秀)의 '화양궁기(華陽宮記)'는 간악을 만든 법을 자세히 나타냈다.

배에 바위를 싣고 수레로 흙을 나르며 군사 만 명을 풀어 높이 십여 길의 산을 쌓고, 태호·영벽의 바위를 더하니 가파르고 빼어나 하늘의 조화를 빼앗았다. 바위는 모두 격노하고 부딪치는 듯하고 마치 할퀸 듯 물어뜯은 듯하여… 천태만상으로 기괴함을 더하였다. 거기에 구불구불한 나무와 마른 덩굴을 보태고 황양목과 푸른 대나무를 그 위에 덮었다. 또 구불구불한 형세를 따라 바위를 쪼개어 길을 열고 험한 곳에는 돌다리를 설치하고 허공에는 잔도를 놓았으며 꼭대기에는 높은 나무를 더했다… 산의 위아래에는 사방의 진기한 새와 짐승을 가져다 놓았는데 걸핏하면 수 만으로 헤아려졌다…

조선시대 중국 명에 사신으로 갔던 이들은 그곳의 석가산 모습에 감탄했다. 김성일(金誠一)은 대선원(大仙院)의 석가산 형상과 호중천지 같은 별천지를 읊었다.

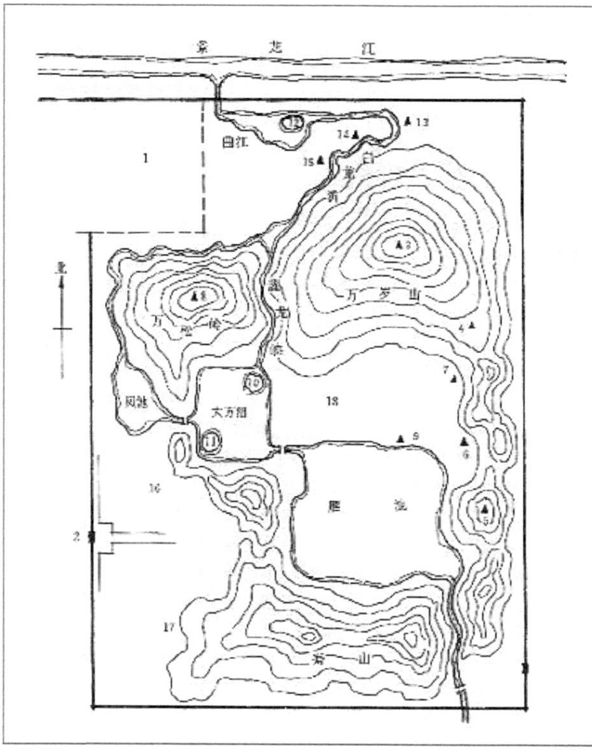

| 그림 5 | 간악평면설상도

1 상청보각궁	2 화양문	3 개정	4 소림정	5 급목정	6 수란
7 악록화당	8 소은정	9 강소루	10 로저	11 매저	12 봉호
13 소한란	14 수옥헌	15 고양주사	16 서장	17 약료	18 사포

♣ 천하제일의 가산을 자랑한다는 중국 송나라 간악의 평면도.

芙蓉幻出諸天上　연꽃 같은 봉우리는 하늘에서 나온 듯하고

洞壑窈窕當房櫳　깊고 그윽한 골짜기는 창문 앞에 마주하였네.

…

壺中天地別一區　호중천지 같은 별천지인지라

俗塵不到煙霞中　속세의 먼지는 이 산중에 이르지 않네.

또 최립(崔岦)의 시에서도 성국공(成國公) 주응정(朱應禎)의 별장에 있는 석가산이 상당히 큰 규모라고 했다.

♣ 백제인 노자공이 만들었다는 일본아스카 수미산 석조. 전시관 내 원형(좌측)과 정원에 설치한 모형의 모습.

일본에서는 원래 정원이라는 말은 없었고 돌 놓기를 입석(立石)이라고 하여 정원 만들기를 뜻했다. 일본정원에서 돌 놓기는 매우 중요한 정원 만들기였다.

이것은 불교, 풍수와 마찬가지로 외래문화의 영향이고, 돌은 고대로부터 기도의 대상이며 이러한 신성한 돌은 이와쿠라라고 해서 생명체로 여기고 오늘날도 종교생활의 하나가 되고 있다.

사람이 만든 가짜 산인 가산과 같은 뜻으로 일본에서는 산을 쌓아 올린다 하여 축산(築山)이라 한다. 대표적인 축산은 수미산(須彌山)과 봉래산이다.

니혼쇼키(日本書紀) '스이코천황 20년조'에는 백제인 노자공(路子工)에게 일본의 궁실 남쪽 정원에 수미산을 쌓아올리고, 구레하시(吳橋, 사닥다리 모양의 계단)를 만들게 했다는 기록이 있는데, 이것이 최초로 일본정원에 만든 수미산이다.

헤이안 시대에 쓴 '사쿠테이키'에는 '저택을 장엄하게 만들려고 고대 인도에서 말하는 불교 세계의 중심에 솟아 있고 세상을 만들고 있다는 구산팔해(九山八海)를 상징하는 수미산을 만든다'고 적혀 있다. 또 '불로불사하는 신선이 산다는 봉래산은 연못 가운데 섬에 만든다'고도 전해진다.

15. 연못 보며 유유자적했던 한중일 군자(君子)

국내에서 가장 보전이 잘 된 석가산은 무기연당(舞沂蓮塘)이다. 경남 함안 무기마을의 안쪽 중앙에 있는 무기연당은 '이인좌의 난' 때 의병을 일으킨 국담(菊潭) 주재성(周宰成)이 18세기 초 별당에 만든 정원이다.

무기연당의 '무기(舞沂)'는 논어 선진(先進)편에서 공자가 제자들에게 장래 희망을 묻자, 모두 벼슬길에 나갈 포부를 밝혔지만 증점(曾點)만은 '기수(沂水)에서 목욕하고 기우제 드리는 곳에서 바람을 쐬고 노래나 읊으며 돌아오겠습니다'에서 따온 것이다.

무기연정은 이인좌의 난이 진압되고 관군들이 복귀하는 도중 국담의 공덕을 칭송하기 위해 지었다고 한다. 관군들은 국담의 덕을 칭송하기 위해 주씨 향리에 모여 동네 입구에 창의사적비(倡義事蹟碑)를 세우고, 서당 앞 넓은 마당에 연못을 파고 섬을 만들어 그 주위에는 담장을 쌓고 일각문을 내었다.

연못은 국담(菊潭), 석가산을 쌓은 섬은 양심대(養心臺), 일각문은 영귀문(詠歸門)이라 했는데 이 모두가 고마움에 보답하려는 병사들의 정성이었다고 전해진다.

♣ 경남 함안에 있는 무기연당. 연못 가운데 섬이 석가산이다.

주재성의 장자 주도복(周道復)이 1777년에 쓴 '하환정중수기(何換亭重修記)'에는 '정유년(1717년) 봄에 군사를 모아 단(壇) 밑에 못을 파고 물고기를 길러 낚시터로 하였으며, 무신년(1728년) 군사를 이끌고 돌아오고서는 단 위에 정자를 짓고 '하환'이라 하였다.'라고 쓰여있다.

별당에 있는 국담 연못의 북쪽에는 하환정이 남향하고 있다. 하환정의 '하환(何換)'이라는 명칭은 무기연당을 삼공(三公)과도 바꾸지 않겠다는 뜻에서 취한 것이고, 풍욕루의 '풍욕(風浴)'과 영귀문의 '영귀(詠歸)'는 무기연당의 '무기(舞沂)'와 같이 증점의 고사에서 따온 것 같다.

'하환정도(何換亭圖)'는 네모난 연못에 네모난 섬 형태의 무기연당을 중심으로 그렸다. 연못은 호안에 단을 둔 것이 특징이다. 양심대는 2단이며 석가산을 쌓고 괴석을 배열하였는데, 그 중에는 '백세청풍(百世淸風)'과 '양심대(養心臺)'라 새긴 괴석도 있다.

연못의 북서쪽과 동쪽 와송(臥松) 곁에 연못으로 내려가는 돌계단이 있는데, 하환정도에서는 동쪽의 계단을 탁영석(濯纓石)이라 하였고, 또 풍욕루 남쪽 담장 아래에 세워놓은 괴석은 귀두석(龜頭石)이라 하였다.

♣ 중국 양조우 개원에는 월근(月近)과 풍루(風樓) 두 정자가 있다.

연못 가운데 봉래산을 연상시키는 석가산은 특이한 형태를 갖고 있다. 현재의 모습이 '하환정도'와 크게 다르지 않다.

중국 양조우 개원(个園)에는 풍치 있는 두 정자가 있다.

돌을 각기 쌓고 그 위에 월근(月近)과 풍루(風樓) 정자가 세워졌는데 월근정의 월근은 추구(推句)에 나오는 '야광천저수강청월근(野廣天低樹江淸月近人, 들이 넓으니 하늘이 나무보다 낮은 듯하고, 강이 맑으니 달이 사람에게 가까이 있는 듯하다)'에서 따왔다.

추구는 다섯 글자로 이루어진 구절로 이루어져 있으며, 정서 함양이나 경책(警策) 그리고 한문을 배우는 초보자가 문리를 트기 위하여 배우는 글이다. 풍루정의 풍루는 자연과 호흡을 함께 하며 바람을 쐬는 정자라는 뜻일 것이다.

석가산은 연못 주위나 연못 안에 만들었다. 연못은 연을 키우는 못이고 연꽃은 상징적인 의미와 함께 옛부터 많은 사람이 완상해 왔다. 연꽃은 연, 하(荷), 부용(芙蓉) 등으로 쓰인다.

송나라 유학자 주돈이(周敦頤)의 '애련설(愛蓮說)'은 연꽃에 대한 예찬을 통하여 명리를 탐하는 세속의 풍조에 휩쓸리지 않는 고고한 군자 정신을 드러내고 있다.

물이나 땅에서 자라는 초목의 꽃은 사랑스러운 것이 아주 많

♣ 전남 나주에 있는 죽설헌 원림의 연못. 노랑꽃창포와 수련이 보인다.

다…. 나는 연꽃을 특별히 사랑하는데, 연꽃은 진흙 속에서 자라지만 더러움에 물들지 않으며, 맑고 잔잔한 물에 씻겨 청결하되 요염하지 않으며, 줄기 속은 비었으되 겉은 곧으며, 덩굴도 뻗지 않고 가지도 치지 않으며, 향기는 멀리 갈수록 더욱 맑아지며, 꼿꼿하고 맑게 심어져 있어, 멀리서 바라볼 수는 있어도 얕잡아 보아 함부로 다룰 수는 없다…. 연꽃은 군자를 상징하는 꽃이다(蓮花之君子者也).

연의 종류는 수천 가지이나 현재 제한된 공간의 정원에는 수련을 많이 심고 있다. 전남 나주에 있는 박태후 화백의 죽설헌 정원은 가장 한국적인 정원을 만들었다고 한다. 5월에는 노랑꽃 창포와 수련이 가득한 연못이 특히 인상적이다.

일본 나오시마에 있는 지추(地中)미술관은 안도 다다오에 의해서 이름처럼 거대한 미술관을 땅속에 파묻었다. 지추미술관은 수련 연못을 보는 것부터 시작되고 노란 수련 꽃이 피어난 연못 주위로는 이름 모를 야생화들이 가득했다.

지추미술관은 작가 3명의 작품 9점만을 전시한다. 그 중 클로드 모네(Claude Monet)의 수련 시리즈 작품들은 안도 다다오의 미술관과 일체 된 모습으로 드러난다.

♣ 모네의 수련 그림과 안도다다오 작품인 혼푸쿠지 워터탬플의 수련.

16. 요즘 아파트 정원에 자주 등장하는 석가산(石假山)의 유래

요즘 아파트 단지에 많이 만들고 있는 석가산은 과거 우리조상들의 자연산수에 대한 지극히 깊은 애정의 표현이다. 젊었을 때 가봤던 인상적이었던 자연산수를 그리워하며, 산수를 사랑하는 고질병(泉石膏肓)이 되어서 집안에 자연을 끌어들여 뜰에 석가산을 만들고 연못을 파서 즐겼다.

조선 초기 성임(成任 · 1421~1484년)은 세조의 특별한 신임을 받은 재상이며 기품이 높고 식견이 풍부하고 글씨와 시문이 뛰어났다. 서울 인왕산 물길이 내려오는 언덕 아래, 자신의 거처 뒤쪽에 만든 것으로 보이는 석가산은 조선시대 석가산을 대표한다. 서거정(徐居正)은 「가산기(假山記)」에서 '아! 산이 우뚝하고 물이 넘실거리니 몇 발짝 내딛지 않더라도 형산(衡山)과 여산(廬山), 태산(泰山)과 화산(華山), 동정호(洞庭湖)와 팽려호(彭蠡湖)의 승경이 하나하나 그 자태를 드러낸다'고 하여 성임의 중국 자연산수에 대한 풍부한 식견을 잘 표현했다.

"그 산의 높이는 한 길이 넘고 그 밑동 또한 몇 아름이나 되었다. 산의 기세는 좌우로 이어지면서 뾰족한 것은 봉우리가 되고, 둥툭한 것은 고갯마루가 되며, 오목한 것은 골짜기가 되고, 빽빽한 것은 산기슭이 되었다. 잠깐 꺼졌다가는 다시 솟아나면

♣ 일산 자이아파트 석가산. /박경자

서 푸른빛과 흰빛이 감도는데 그 모습이 한 가지가 아니었다. 또 물을 부어 폭포와 급류, 연못을 만들었다. 연못의 깊이와 너비는 몇자 되지 않지만, 물이 맑고 모래가 희어 머리카락도 찾을 수 있을 정도였다. 아! 산이 우뚝하고 물이 넘실거리니 몇 발짝 내딛지 않더라도 형산(衡山)과 여산(廬山), 태산(泰山)과 화산(華山), 동정호(洞庭湖)와 팽려호(彭蠡湖)의 승경이 하나하나 그 자태를 드러낸다."

서거정은 성임의 정원이 "주위는 무성한 대나무 숲과 기이한 화초로 둘러싸여 있는데 모두 빼어난 경치였다. 또 금양(衿陽)에서 기이한 바위를 얻었는데, 이빨이 나고 뿔이 돋아 좀먹은 것 같기도 하고 물어뜯은 것 같기도 한 기괴한 모습이 참으로 귀신이 잘라 놓은 것 같았다. 이것을 캐어다가 뜰에 가산을 만들었는데, 이 또한 기이하여 감상할만 하다"고 찬탄했다.

성임은 평생에 벗들의 시문(詩文)을 모아서 작은 두루마리로 만든 '가산시권(假山詩卷)'을 책상 위에 놓고 늘 완상했다고 한다.

♣ 서울 마포 밤섬 래미안 석가산.

중국 명말 조원가인 계성(計成)은 '원야(園冶)'에서 철산(掇山), 즉 석가산은 자연에 존재하는 실제 산의 형태를 만든다고 했으며 그가 만든 오씨 원림과 왕씨 원림의 도식(圖式)을 정리했다.

벗 성현(成俔)과 함께 성임의 집을 출입했으며 「석가산폭포기(石假山瀑布記)」를 쓴 채수(蔡壽 · 1449~1515)는 성임의 가산을 본떠 만들었고, 성현은 채수가 만든 석가산의 모습을 형용한 시에서 가산의 형상이 실제 자연형상과 똑같다고 했다.

崢嶸起峯巒 여러 봉우리들이 가파르게 일어나고,
呀豁分隧竅 온갖 골짜기 깊이 나뉘어 있네.

苔花半斑駁 이끼와 꽃이 서로 섞여 있고,
杉楊雜蘿蔦 소나무와 버들은 쑥과 메꽃에 섞여있네.
渴烏吐飛泉 갈오는 흩날리는 샘물을 토해내고,
晴雪散巖峭 눈발 그쳐 가파른 바위에 흩어지네.
隱隱有招提 멀리 아스라한 사찰이 있어
朱碧林間耀 붉고 푸른빛이 숲 사이에 빛나네.

孤舟泝素波 쪽배는 흰 물결을 거슬러 가니,
人影相涵照 사람과 그림자가 서로 비추네.
鶴髮者誰子 저 백발 노인은 누구이길래,
依岸坐垂釣 언덕에 기대 앉아 낚시줄을 드리우는고.
秋毫偏累具 가을 터럭만한 것도 모두 갖추었으니
一一形容肖 하나하나 형상이 똑같구나.

채수는 신축년(辛丑年, 1481년, 성종 12년)에 파직된 후, 평소 가보기 원했던 옛날 관동(關東)의 경치를 벗 성현과 함께 유람을 떠나 안개가 뒤덮인 무성한 숲 속을 드나들며 속세를 벗어나 신선의 경지에 다가가려고 했던 것 같다.

성현은 이러한 채수의 석가산을 "채후는 천성이 정밀하여 터득한 것이 모두 신묘한 경지에 이르렀다(蔡侯天機精 所得悉臻妙)"고 상찬했다.

[출처] 본 기사는 프리미엄조선에서 작성된 기사 입니다.

2장
중국, 일본 정원

1. 중국정원

1) 난징과 첨원(瞻園)

중국 4대 고도는 시안, 뤄양, 베이징, 난징이다. 그 중 난징은 육조시대 수도다. 육조 시대(六朝時代, 229년~589년)는 중국 삼국 시대의 오나라, 동진 및 남조의 유송, 남제, 양나라와 진나라가 존속했던 기간이다.

난징은 당시엔 건업(建業), 건강(建康)이라 했다. 육조 시대를 거치면서 강남 일대의 이민족이 한족에 의해 토벌되고 개발이 본격화되어, 강남이 화북의 경제력을 압도하고 중국 경제의 중심부가 됐다. 난징은 영락제의 베이징 천도 이전까지 명나라 수도였고, 국민당 정부의 중화민국 수도다.

1937년 12월 13일, 중국침략 일본군은 난징을 점령한 뒤 한 달 남짓한 동안 대학살을 감행하여, 30여만명 평민과 무기가 없는 병사들을 살해했던 극히 참혹한 남경대학살이라는 역사적 비극을 저질렀다. 첨원은 남경시 첨원로(瞻園路)에 위치해 있다. 명 가정(嘉靖)년간에 조성되었으며, 서달(徐達)의 7대손 서붕거(徐鵬擧)가 만들었고, 왕세정(王世貞)의 유금릉제원기(遊金陵諸園記) 중에 기록된 위공서포(魏公西圃)다.

이 원림은 명초 중산왕부(中山王府)의 베를 짜는 곳이었다. 마구간이었고 태보공(太保公) 때 정리해서 원림이 됐다. 원림의 북부 가산은 명대 유물이고, 즉 왕의 기에서 말한 하나의 당(堂) 뒤에 이르면 지극히 넓고 아름답고 앞에 첩석 산이 있고, 여러 봉우리를 내려다 볼 수 있는 높이다. 정상에는 정(亭)이 있고 특이하고 수려하다. 그 나머지는 여러 대에 걸쳐서 개조를 했고 당시의 모습은 회복하지 못했다.

건륭(乾隆) 22년(1757) 청 고종(高宗)이 강남에 내려왔을 때 첨원이라고 이름을 붙였다. 첨원 배치는 정묘당(靜妙堂)을 중심으로 남서 양 구역에 산수가 배치되고, 원림 문으로 들어가는 길을 따라서 장랑(長廊), 소정원(小庭院), 소헌(小軒), 정사(亭榭)를 거쳐서 정묘당(靜妙堂)에 이르고, 공간은 적거나 크고 어둡고 밝고, 먼저 감추고 펼치는 수법을 사용하고 작은 것에서 큰 것을 보는 소중현대(小中見大)의 효과를 얻고, 남북산지(山池)는 마음을 확 트이게 한다.

남북 양쪽의 석산은 균일하고 뛰어난다. 북산은 규모가 크고 산 앞으로 물을 대하고, 작은 길은 한 쪽은 석벽에, 한쪽은 연못에 의지하고 물가에 바위가 뻗어 나오고, 강하(江河)의 좁은 사이로 배 끄는 길을 축소한 듯, 절벽 사이에 걸쳐놓은 잔도, 이것은 명대 가산에서 흔히 쓰는 수법이다. 원래 수조우 예포(藝圃)의

명대 가산도 이 수법을 사용했다. 안타깝게도 문화혁명 때 파괴됐고 근래 수복되었으나 원래의 모습은 회복할 수 없다. 현재의 첨원은 이러한 유형의 첩산의 유일한 예다.

남산은 유돈정(劉敦楨) 선생의 작품이다. 수조우 한양원(韓良源)과 남경 왕기봉(王奇峰)이 가산을 쌓았고, 돌은 수조우에서 가져왔다. 이 산은 연못을 사이에 두고 정묘당(靜妙堂)을 대한다. 가장 높은 지점은 6m이며, 태양을 등지고 서있고 산의 윤곽에 기복, 언덕 골짜기의 높고 낮음에 충분히 고려를 했다.

우선 산체 조합은 에워싸는 기세를 이루고, 앞은 낮고 뒤는 높게 하고, 둘째, 봉만의 조합에서 일치하지 않게 배치하는 데 조화가 있고, 하루 중 각각 햇빛이 산등성이를 만들어서 윤곽이 매우 잘 드러난다. 셋째, 석벽은 오목하게 길게 패인 도랑을 만들어 수직방향으로 분할하고 침식된 형상과 일치한 자연 산벽 석회암을 사용했고, 이것은 인간의 작품이지만 천상의 작품과 같은 효과를 준다. 넷째, 아취형을 결구원리로 사용했다.

석벽 위의 절벽 배경 모양은 동굴과 같고, 보기에 깊어 가늠하기 어렵고 산상에 인공폭포를 만들고 물장막이 동굴입구에 드리우고 산은 높고 물은 흐르고, 우뚝 선 벽에 푸른 담(潭), 심산유곡의 의취가 눈앞에 나타난다. 돌 재료의 사용에는 설계자의 지도를 따르고 장인의 솜씨와 기운을 배치하고, 세밀한 곳은 마땅히 숨기고, 적중하고, 혼연일체로서 사람이 만든 흔적을 드러내지 않는다.

첨원 남지(南池)는 부채꼴, 북지는 방형이며, 연못가는 평탄하거나 기울거나 우뚝 솟고, 평탄한 모래톱이고, 물은 산을 따라 휘감고, 산은 물을 따라 돌며, 산수가 서로 어울린다. 이 원림은 동측에 새로 지은 정원 건축군을 제외하고 면적이 크지 않다. 건축물이 소박하고 산은 기이하고 연못은 아름답고 수목이 울창해서 마치 도시산림과 같다.

2) 상하이 외탄(外灘)

상해(上海)의 외탄(外灘)에서는 이른 아침에 많은 시민들이 태극권을 연습하거나 조깅을 하는 모습을 볼 수 있다. 밤에는 화려한 조명이 전체 제방을 비추어 마치 서구 도시에 와 있는 듯한 착각이 들게 된다.

외탄은 과거 100여년간의 상해의 역사를 보여주는 곳이다. 1840년 중국이 아편전쟁에서 영국에 패배한 결과 상해가 개방된 이후 영국, 미국, 프랑스, 일본, 소련 등 열강의 각종 조계지 건물들이 들어서기 시작했다. 1920년대에는 오늘날과 같은 고층 빌딩가의 골격을 이뤘다.

외탄의 건축물은 당시 서양의 복고주의 건축양식을 따른 것인데 그 숫자나 건축양식의 다양성이 뛰어나서 세계적으로 유명한 건축군이 되었다. 외탄은 상해의 상징이자 상해 현대 역사의 상징이다. 남경동로를 따라 황포강으로 걸어가면 황포강 제방과 중산동로 사이에 있다.

상해의 정치, 경제의 중심지라고 할 수 있는 곳인 외탄은 다양한 국가의 건축 양식이 모여 있어서 '세계 건축 박물관'이라고도 불린다. 이곳은 넓은 제방을 따라 많은 관광객들이 황포강의 경관을 즐기려고 항상 붐빈다. 특히 야경을 보기 위해 많이 찾는

다. 황포강을 거슬러 오가는 밤 뱃놀이로 외탄의 야경을 만끽할 수 있다. 한국 트로트 대중가수 이미자의 황포 돛단배의 산 무대이기도 한다.

외탄은 북으로는 외백도교에 남으로는 신개하로에 이르는 황포강 서안을 가리킨다. 전체 길이는 약 17km로 상해를 대표하는 관광 명소다. 외탄의 커다란 동상은 중국 공산혁명의 원로 진의(陳毅)의 동상이다. 외탄 동쪽 황포강 너머에는 동방명주(東方明珠) 탑이 한눈에 들어온다.

이 동방명주탑은 높이가 총 468m인 TV수신탑이며, 이 탑은 상해에서 가장 높은 탑이다. 서쪽에는 조계지의 흔적인 서양식 건물이 늘어서 있다. 고딕식, 바로크식, 로마식, 고전주의식, 르네상스식 등 다양한 서구건축양식을 한눈에 볼 수 있다.

남쪽에는 황포강유람 선착장이 있어서 배를 타고 황포강을 둘러볼 수 있다. 근처의 찬석루에서는 상해의 유명한 간식거리인 디엔신을 맛볼 수 있다. 북쪽에는 '개와 중국인은 출입금지'였던 황포공원이 있다.

밤이 되면 노란 나트륨등이 외탄을 비추고, 석조건물들과 강 건너 동방명주가 형형색색의 조명 옷으로 갈아입는다. 크고 작은 유람선과 바지선의 경적 소리를 듣노라면, 과거와 현재, 동양과 서양이 어우러진 국제적인 항구도시 상해의 참모습을 볼 수 있다.

외탄 야경은 국가에서 거리 특성화 정책의 하나로 조명에 드는 전기료를 전액 부담한다. 다만 공산국가인 관계로 동계에는 9시, 하계에는 10시에 전원을 모두 소등한다.

3) 수조우의 환수산장(環秀山莊)과 양조우의 편석산방(片石山房)

강남의 원림 중에서 돌을 쌓아 올려서 만든 축산과 가산은 수조우의 환수산장(環秀山莊)과 양조우의 편석산방(片石山房)이 가장 유명하다. 축산과 가산은 모두 돌을 쌓아 만든 인공 산이며 같은 의미다.

수조우의 경덕로(景德路) 280호에 위치한 환수산장(環秀山莊)은 청(淸)대 건륭년간(1736~95)에 창건한 한 관료의 개인주택원림으로, 도광년간(道光年間 1821~50)말에 왕씨(汪氏)의 사당의 일부가 되면서 이름을 환수산장(環秀山莊)이라 했다. 현재 남아 있는 돌을 쌓아 만든 축산(築山)은 건륭년간에 축산(築山)의 명장(名匠) 과유량(戈裕良)이 설계했고, 예술적인 수준에서 수조우에서 제일 간다.

이 산장(山莊)원림은 남북30cm의 크기를 갖춘 방형(方形)의 구획 안에 매우 자연스런 곡선형태의 연못과 축산(築山)으로 되어 있다. 원림의 주 건물은 보추산방(補秋山房)이고, 그 앞쪽의 동편에는 반담추수일방산(半潭秋水一房山)을 중심으로 축산(築山)과 숲으로 된 경원이 있고, 서쪽은 자연곡선 연못과 중도(中島) 그리고 중도 위에는 문정(問亭)이 있다.

동쪽의 축산(築山) 위에 세워진 반담추수일방산(半潭秋水一房山)

은 보추산방(補秋山房)에서 계단으로 연결되어 있고, 축산(築山)은 흙과 경석(景石)으로 자연스럽게 꾸며져 있다. 복숭아, 팽나무(朴), 모과나무, 대추나무, 배롱나무, 여정(女貞), 흑송(黑松), 송(松), 등 매우 다양한 수목들이 있다.

서쪽의 연못정원은 보추산방(補秋山房) 중도(中島)위의 문정(問亭), 그리고 서쪽의 담을 따라 만들어진 계단으로 연결되고, 다시 남서 끝에서 곡교(曲橋)를 건너 동쪽으로 동산까지 좁은 길로 북상하면서 연못정원을 감상할 수 있다.

못가에는 높이4m의 절벽이 있고 산 속에는 석동(石洞)과 석실(石室)이 각각 별도로 만들어져 있다. 직경 약 3m, 높이 약 2.7m의 동굴 속에는 석탁(石卓), 석등(石凳)에서 앉아서 쉴 수 있다. 사면의 벽에는 채광(採光)을 위해 6개의 구멍이 뚫려 있다. 석탁(石

♣ 환수산장 축산(왼쪽 사진)과 편석산방 가산.

卓) 곁에는 또 직경 약 0.5m의 석동(石洞)이 있으며 그 아래는 수면으로 통한다. 이 동굴을 나오면 산 사이에 끼여 있는 곡천(谷川)이 나타나는데, 석벽(石壁)이 솟아 있다. 산에 있는 오솔길은 험한 곳에 만들어져 있고, 굴곡한 다리나 못을 내려다보면 마치 깎아 세운 듯 벼랑 위에 서있는 것 같다.

편석산방(片石山房)은 청나라 동치제(同治帝) 때인 1862년 착공하여 광서제(光緖帝) 때인 1875년 완공되었다. 하지도(何芷舠)가 조성하여 하원(何園)이라고도 부른다. 하원은 저택과 2개의 정원, 곧 기소산장과 편석산방으로 구성된다.

편석산방은 명나라 말기와 청나라 초기에 활동한 유불선에 능한 화승(畵僧) 석도(石濤)가 만든 가산으로 널리 알려져 있다. 가산을 만드는 기법이 뛰어나고 매우 훌륭하다. 100여 년의 세월을 거치면서 훼손된 것을 1989년 재건했다. 내부 구도는 연못을 중심으로 남쪽에 남목청(楠木廳)이 가산을 마주하고 있다. 남목청은 양저우 지역의 정원 가운데 가장 오래된 목조건물로서, 횡단구간 트러스(truss)가 웅장하고 둥글면서 칠을 올리지 않아도 윤기가 흐를 정도로 재질이 뛰어나다. 가산 속에 내화벽돌로 쌓아 올린 2칸의 작은 집이 있는데, 4각형의 정연한 모습으로 돌출한 암벽과 대조를 이루도록 설계한 창의성이 돋보인다.

4) 중국 수조우 망사원(網師園)

한겨울철을 제외하고 봄, 여름, 가을철 야간에 수조우 원림에서 원림의 단아한 야경과 함께 야간 공연을 즐길 수 있는 곳이 있다. 바로 수조우시에 남동쪽에 위치한 수조우에 있는 원림 중 가장 작은 망사원이다.

이곳은 남송(南宋) 말에 사정지(史正志)가 북벌을 주장하다 탄핵을 받아 수조우에 내려와 은일처로 건축했던 독서처인 만권당(万卷堂)의 원림이다. 청대의 송종원(宋宗元)과 구원촌(瞿遠村)에 의해 확장 정비되어 망사원(網師園)이 됐다. 속세에 더 이상 찌들지 않고 고향으로 돌아와 어부처럼 유유자적하게 살고 싶다는 마음에서 만든 원림이다.

전해지기를 망사(網師)라는 말은 고기잡이를 하는 노인을 가리킨다. 사정지(史正志)가 어느 날 그의 아들이 물에 빠져 목숨이 위태로울 때 한 어부가 그물로 아들을 끌어올려 구해주었다. 그에 보답하기 위해 자그마한 원림을 만들고 어부 노인을 기리도록 했다. '망사원'의 망사(網師)는 어부를 높여 칭함이라 한다.

망사원은 남송(南宋) 소흥(紹興)년간에 만들어졌다. 처음에는 '어은(漁隱)'으로 부르다가 청대 건륭(乾隆)년대에 '망사원'으로 고쳤다. 망사는 어옹(漁翁, 어부)으로 어은(漁隱)의 본뜻을 함축하고

있는 말이며, 이들은 모두 속세에 나서지 않고 숨어 지내는 은일(隱逸)의 정서를 나타낸다. 청 광제(光緖)년간에 현재 규모로 정비됐다.

망사원 동쪽은 주택구, 서쪽은 화원구, 중앙은 망사원의 중심인 연못으로 구성됐다. 동구에 있는 주택은 중국의 전통적인 봉건 관료의 저택형식을 보여준다.

원림평면은 丁자형인데, 가운데 연못을 중심으로 건축물과 건물을 연결하는 회랑 동선이 연못 주위를 따라 배치되어 있다.

연못 주위의 각 건물에서는 1년 3계절 야간에 부속건물에서 아취 있는 야경과 함께 중국 전통 창가, 악기 등이 연주되고 있어서, 국외관광객들이 주로 많이 찾는 이곳 망사원 원림은, 관람자들을 흥겨운 밤연회로 이끌어 도취시키게끔 한다. 독특한 중국의 야간 원림문화를 즐길 수 있는 곳이다.

5) 베이징 우탄(五坛)

중국의 수도 베이징은 장방형의 성곽으로 둘러싸인 전형적인 고대 도시의 모습을 보존하고 있다. 인민대회당과 중국 역사박물관이 마주 보고 서 있는 천안문(天安門) 광장을 지나면 지금은 고궁이라 불리는 자금성(紫禁城)이 보인다.

자금성 정동 방향에는 르탄공원(日壇公園)이 있고, 그와 같은 거리만큼 서쪽으로 가면 웨탄공원(月壇公園)과 사직단(社稷坛)이 있다. 자금성의 동남쪽에는 황제의 신위를 모신 티엔탄공원(天壇公園)이 있고, 자금성을 기준으로 지도를 가로로 반접을 때 티엔탄공원의 뒷면에는 디탄공원(地壇公園)으로 베이징 '우탄(五坛)'이 된다.

르탄궁위엔(日壇公園)

중국 베이징의 성동(城东)지역에 위치한 공원. 르탄(日坛)을 '차오리탄(朝日坛)'이라고도 한다. 명청 양대 제왕의 제사인 '타이양(太阳)'을 지내던 장소다. 명대 1530년에 세워졌다. 주변에 각국 대사관이 모여 있어 색다른 분위기를 풍기는 공원이다. 주변 직장인들의 휴식공간으로 특히 사랑받고 있다. 1951년부터 공원으로 정비하기 시작해 지금은 처음의 4배 규모로 확장했다. 르탄공원의 가운데에는, 인공으로 제작된 노천 암벽 등반장인 센

루취(线路区)와 바오스취(抱石区)이 있다.

웨탄공원(月坛公园)

중국 베이징의 서성구(西城区)에 위치한 공원. 웨탄을 시웨탄(夕月坛)이라고도 하며, 명대 1530년에 만들었다. 현재는 일반 공원으로 이용되고 있다. 규모는 크지 않으며, 주변에는 시민들을 위한 휴식공간이 조성돼 있다.

티엔탄공원(天壇公園)

티엔탄은 벽으로 내단(內坛)과 외단(外坛)이 나뉘는 回자의 형태고 땅을 의미하는 남쪽이 사각형, 하늘을 의미하는 북쪽이 원형의 모습을 한 남방북원(南方北圓) 형세로 남북으로 환구(圜丘), 황궁우(皇穹宇), 기년전(祈年殿)이 차례로 배치돼 있으며 북쪽으로 갈수록 지대가 높아진다. 중심은 가장 북쪽에 세워진 기년전으로 티엔탄에서 가장 먼저 지어졌다. '유리기와'라 불리는 푸른 지붕은 하늘을 나타내는데, 명대에는 아래부터 자주색, 황색, 푸른색의 세 가지 색이 있었다 한다. 중앙의 4개의 기둥 용정주(龙井柱)는 사계절을, 주위 12개의 기둥은 12개월을, 바깥쪽의 12개 기둥은 12시간을, 내외 처마 기둥 24개는 24절기를 상징한다.

남쪽에는 한백옥(汉白玉)으로 된 3층의 기단인 원구가 있는데 황제가 제사를 올리던 곳이다. 원구난간에 있는 360개의 기둥은 고대 중국인이 사용했던 음력의 1년인 360일을 의미한다. 이 밖에 소리를 반사시킨다는 삼음석(三音石), 소리가 전해진다는 회음벽(回音壁) 등이 있다. 세계문화유산 등재연도는 1998년이며, 티엔탄은 세계 주요 문명들 중 하나인 중국 문명의 발전에서 중요 역할을 한 중국의 우주생성론을 단순하면서도 생생하게 보여 주며, 건축과 경관 설계 방면의 최고 걸작이다.

티엔탄의 상징적인 배치와 설계는 수 세기 동안 동아시아와 동남아시아 지역의 건축과 설계에 지대한 영향을 미쳤다. 또한 티엔탄은 중국을 2,000년 이상 통치한 봉건 왕조의 권위를 상징한다. 명대 영락제(永樂帝) 18년인 1420년에 정원을 둘러싼 담과 함께 천지단(天地壇)이 지어졌다. 당시 세워진 중앙 건물은 커다란 장방형 전각으로, 그곳에서 하늘과 땅에 제사를 올렸다. 인간과 자연의 관계를 강조하기 위해 정원에는 소나무들을 심었다.

가정제(嘉靖帝) 9년인 1530년에는 하늘과 땅에 각각 별도의 제사를 올리기로 정하고, 그에 따라 중앙 건물의 남쪽에 하늘에 제사를 올리는 원구단(圓丘壇)이 지어졌다. 하늘과 땅에 제사를 지내는 '천지단'이 하늘에 제사를 지내는 '티엔탄'으로 바뀌었다. 그와 더불어 베이징의 북쪽에는 땅에 제사를 지내는 디탄(地壇), 동쪽에는 태양에 제사 지내는 르탄(日壇), 서쪽에는 달에 제사 지내는 웨탄(月壇)이 각각 세워졌다.

1911년 중화민국 정부가 금지하기 전까지, 490년 동안 명 · 청

왕조 22명의 황제들이 티엔탄에서 654차례 하늘에 제사를 올렸다. 티엔탄은 1918년 일반 공원으로 개방됐다.

디탄공원(地坛公园)

중국 베이징 성북(城北)구역에 위치한 공원. 별칭은 '팡쩌탄(方泽坛)'이며, 명대 1530년에 세워졌다. 명청 양대 제왕의 제를 올리는 곳이다. 이곳은 팡쩌탄(方泽坛), 황치스(皇祈室), 선쿠(神库), 짜이성팅(宰牲亭), 자이궁(斋宫), 선마취안(神马圈), 중러우(钟楼) 등 7개의 건축물이 있다.

디탄은 내외단(内外坛)으로 나누어지는데, 양쪽 모두 담장이 있으며 주요 건축물은 네외단에 집중돼있다. 최근 디탄에는 웨치위안(月季园), 무단위안(牧丹园) 등과 같은 원림(园林)이 조성됐다.

6) 계절마다 다른 얼굴 중국 수조우의 졸정원

'하늘에는 천당, 하늘아래에는 수조우와 항조우가 있다'는 말처럼 항조우와 수조우는 천당에 비교할 만큼 아름답다. 수조우 구시가지에 가면 2층 높이 나지막한 흰 벽과 검은 색 지붕의 건물들이 눈을 사로잡는다.

수조우 원림 전체가 세계유산으로 지정되어 있다. 수조우를 대표하는 4대 원림이라 하면 졸정원(拙政園), 사자림(獅子林), 창랑정(滄浪亭), 유원(留園)이다. 졸정원, 사자림, 창랑정은 구시가지에 가까이 있고, 유원은 조금 벗어난 거리에 있다.

중국원림은 크게 황족의 원림인 황가원림(皇家園林)과 사대부, 민간의 원림인 사가원림(私家園林)으로 구분할 수 있다. 여기서 원림이란 말은 우리식으로 말하면 정원이며 중국 전통 정원을 중국고전원림이라 한다.

수조우시 동북로에 위치한 졸정원의 규모는 약 12,500평(5.2ha)이고 연못, 석가산과 함께 조화를 이룬 다양한 건축물로 구성되며 중국 최대를 자랑한다.

졸정원이 만들어진 시기는 1509년. 명(明)대의 왕헌신(王獻臣)이 관직에서 추방되어 실의에 빠져 고향으로 돌아온 때였다. 그

후에 관료 지주들의 손에 넘어가 몇 번이나 개수되어 지금의 모습을 하고 있다.

졸정원은 60% 정도가 연못으로 이루어져 있고 그 주변으로 누각(樓閣)이나 정자 등의 원림 건축물들이 자연스럽게 어우러져 있다.

전체 원림은 동, 중, 서원 3개의 구역으로 분리되며, 남쪽과 동쪽, 북쪽은 직선을 이루고, 서쪽의 자연곡선을 이루고 있는 큰 못에는 동서로 기다랗게 3개의 섬을 연결해 놓은 듯한 중도(中島)가 만들어져 있다. 이곳은 항상 계절마다 그 모습을 달리해서 늘 새로운 매력을 자아낸다.

수면에 있는 건축물은 다리와 회랑(回廊)으로 연결되어 그 주변을 거니는 사람으로 하여금 다양한 시각적 효과를 누리게 하고, 관상지점과 관상로를 설정해서 대비와 차경(借景) 등의 기법이 사용되고 있다.

특히 졸정원 중원에서 호구탑을 원림 안으로 끌어들여 즐길 수 있는 차경지점은 관람객들이 주로 몰려들어서 촬영하는 장소다. 이와 같은 차경기법은 중국뿐만 아니라 한국, 일본 정원에서도 많이 사용되며 정원에서 보며 즐길 수 있는 범위를 외부로까지 크게 확대시키는 효과가 있다.

7) 베이징 이화원

베이징 이화원은 넓은 호수와 산이 있는 황제의 여름 피서지다. 청나라 황가원림의 건설은 강희제부터 시작되어 옹정을 거쳐 건륭까지 삼대에 절정을 이루었다. 이 세 황제는 베이징 교외지역에 총 다섯 곳의 대규모 황가원림을 만들었는데, 옥천산(玉泉山) 정명원(靜明園), 향산(香山) 정의원(靜宜園), 만수산(萬壽山) 청의원(淸漪園), 창춘원(暢春園), 원명원(圓明園)으로 후대에 이들을 하나로 묶어 베이징 교외의 '삼산오원'이라 했고, 청말 자희태후(慈禧統治)까지 지속됐다.

청의원은 원대 옹상호산원(甕山好山園)의 터로 명대에 원정사(圓靜寺)가 있던 곳이다. 건륭 15년(1750년)에 모친의 60세 생일 축하를 위해 이곳에 대보은연수사(大報恩延壽寺)를 짓고 산의 이름을 만수산이라 했다. 또한 옥천(玉泉)의 뭇 물줄기를 끌어들여 산 앞의 호수에 모이게 해서 곤명호(昆明湖)라 하고 한무제(武帝)가 장안의 교외에 곤명지를 만들고 해군을 훈련시켰다는 고사를 따서 이곳에서 해전을 연습하게 했다.

곤명호의 물은 수의교(繡漪橋)를 거쳐 남쪽으로 장하(長河)로 이어져 베이징성 안으로 흘러 들어가 자금성을 돌아 통혜하(通惠河)로 모여 베이징성 교외의 논밭 관개용으로도 쓰였다. 이 공사는 건륭 14년(1749년)부터 건륭 26년(1761년)까지 12년이 걸렸다 이 기록은 건륭 어제 『만수산 청의원기(萬壽山淸漪園記)』

에 나온다. "호수를 이루어 치수를 하고 산의 형상이 호수를 바라보고 있으니 바로 호수와 산을 갖춘 경관이라 어찌 정자와 누대를 꾸미지 않을 수 있겠는가?"

건륭은 조부가 창춘원, 부친이 원명원을 건설한 상황에서 자신이 또 다시 새 원림역사를 일으키는 것을 매우 불안해했고 특히 세인들의 비판을 두려워했다. 그래서인지 건륭은 조부와 부친이 만든 원림 몇몇 경관에 주제를 붙였던 방식을 따르지 않았는데, 이화원에는 정명원 16경이나 원명원 40경 등이 없다.

이화원 만수산 뒤의 민가 원림인 해취원(諧趣園)은 우시의 기창원(寄暢園)을 모방해 만들었다 한다. 기창원의 이미지를 재현하면서 동시에 황가원림 특유의 화려하고 고귀한 분위기를 더했다.

이화원 동궁문 앞 패루(牌樓)에는 건륭이 쓴 '함허'라는 편액과 반대쪽에 '엄수'라는 편액이 있는데, 패루 안쪽의 원림은 무궁무진한 공간을 내포하고 있고(涵虛), 아름다운 경색을 담고 있다(罨秀)는 뜻이 된다.

8) 호설암고거(胡雪岩故居)

호설암고거(胡雪岩故居)는 절강성 항조우시 상성구 원보가(上城区元宝街)에 위치한다. 호설암고거 공사는 1872년에 시작됐고, 1875년에 준공됐다. 규모는 5,815㎡이다. 내란으로 훼손된 이곳은 90년대 중반에 대대적으로 수리·복원됐다. 중국 중요문화재다. 중국 전통건축 특색과 서방건축 미적 품격이 가미된 아름다운 저택이다.

중국 내에서 수리보전이 가장 잘 된 청말(晚清) 공상업형 건축군이며, 안휘지방 건축풍격을 보이는 유명한 약방인 호경여당(胡庆余堂) 인근에 위치한다.

호설암고거는 복합용도 구조이다. 13개의 방이 있고, 통로가 미로처럼 연결돼서 초행자는 자칫 이곳저곳으로 헤매게 된다. 특히 잘 계획된 정원이 있는데, 정원 이름은 지원(芝園)이다.

호설암고거에는 태호석을 많이 사용했다. 태호석은 수조우와 우시에 걸쳐 있는 큰 호수인 태호(太湖) 밑바닥에서 캐 올린다. 태호석으로 만든 석가산이 있고, 정원연못 중앙에 정자가 있고 회랑과 미로 같은 오솔길들이 포함돼 있다.

당시에 재료로 벽돌, 나무, 돌, 진흙 등이 사용됐다. 정원에 있는 석가산은 인위적인 동굴인데 하층부분 기초석으로 태호석을 가져와 사용했다. 호설암은 항조우 태생이며 설암(雪岩)과 함께 광용(光墉)으로 불렸다. 그의 본적은 안휘(安徽) 지방이다. 호설암은 유년 시절 은행을 설립했던 대부호 왕요린의 가게에서 일했다. 그에게서 많은 도움을 받았다. 주종탕의 도움도 받았다.

호설암은 청나라 말기에 전설적인 거상으로 불린다. 호설암은 부동산, 무기 수출입, 실크 수출입 사업을 했다. 사업을 통해 쌓은 재력과 명성으로 그는 제약 회사를 차렸다. 이러한 경력으로 그는 중국 당국에서 무공훈장을 받기도 했다.

호설암은 너무 가난했지만 혼자 스스로 학문을 익히고, 독학으로 글을 배웠다. 타고난 인품과 화려한 상술로 근대의 상성(商聖)이 된 그는 중국 역사상 최초의 홍정(紅頂) 상인으로 이름을 날렸다.(홍정상인이란 1품 관직을 상징하는 붉은 산호모자에서 비롯된 말이다)

9) 창랑정(滄浪亭)

창랑정은 수조우시 남쪽 삼원방(三元坊) 내에 있는 수조우 4대 명원(名園) 가운데에서 가장 오래된 원림이다. 5개의 왕조를 거치면서 이 지역 영주의 별장으로 사용됐는데 송대 시인 소자미(蘇子美)가 만든 건축예술이 매우 훌륭하다. 원래는 오대(五代) 오월(吳越) 광릉왕(廣陵王)의 화원이었으나 북송 때(1041~1048) 시인 소순흠(蘇舜欽)이 창랑정을 세운 후 '창랑정'이라 불렀다.

남송시대(1127~1279)에는 금나라에 항전한 명장 한세충(韓世忠)의 저택이었고, 명대에는 원림을 폐하고 사원으로 바꿨는데, 청대 강희년간(1696)에 다시 원림으로 바꿨다. 이때 창랑정을 가산 위에 옮겨 재건하였다. 그 후 1827년 이래 수축됐고, 현재 원림 내의 건축물들은 주로 1873년대 것이다. 면적은 약 1ha(10㎢)로 규모는 작지만 세련된 배치와 구조에 산경과 수경이 잘 조화되어있다.

창랑정(滄浪亭)의 창랑은 굴원(屈原)의 〈초사(楚辭)〉 어부사(漁父辭)에 나온다. 굴원은 전국시대(戰國時代) 초(楚)나라의 정치가, 시인으로, 초(楚)나라 회왕(懷王) 때에 삼려대부(三閭大夫) 등을 역임했고, 경양왕(頃襄王) 때에 반대파의 모함을 받아 쫓겨났는데, 〈어부사(漁父詞)〉는 이때 지었다.

굴원이 간신의 모함을 입고 벼슬에서 쫓겨나와 강가를 거닐며 초췌한 모습으로 시를 읊고 있는데 고기잡이 영감이 배를 저어 지나다가 그가 굴원인 것을 알고, 어찌하여 이 꼴이 되었느냐면서 안타까워 까닭을 물었다. 굴원은 대답하기를, "온 세상이 흐려 있는데 나만이 홀로 맑고 뭇사람이 다 취해 있는데 나만이 홀로 깨어 있다. 그래서 쫓겨난 것이다" 어부는 굴원의 처신에 대해 오히려 꾸중을 했다.

굴원은 또 "새로 머리를 감은 사람은 반드시 갓을 털고 새로 몸을 씻은 사람은 반드시 옷을 턴다"면서 차라리 강에 빠져 물고기 배 속에 장사를 지내는 한이 있더라도 어떻게 깨끗한 몸으로 세상의 먼지를 쓸 수 있느냐고 했다. 어부가 노래를 불러 화답하길, "창랑의 물이 맑거든 내 갓끈을 씻고(滄浪之水淸兮可以濯吾纓) 창랑의 물이 흐리거든 내 발을 씻으리라(滄浪之水濁兮可以濯吾足)" 세상이 맑으면 맑게 맞춰 살고 세상이 흐리면 흐리게 살라는 말이었다. 청탁자적(淸濁自適)의 생활을 권한 것이다.

푸른 물결을 뜻하는 창랑은 창랑정 입구의 작은 호수다. 북쪽에 있는 수면은 해자처럼 원림 앞을 동서로 지나고, 여기에 걸린 석교를 지나면 원림의 정문을 들어서게 된다. 좁게 서 있는 흰 회벽 가운데에 뚫린 문에는 창랑정 글자가 음각된 편액이 있다. 동쪽(왼쪽)으로 가면 바깥 하천을 따라 두 겹으로 된 회랑(複廊)이 길게 원림 속으로 인도된다. 복랑(複廊)이 끝나는 지점에 삼면이 물에 면한 정자가 있는데, 물고기를 구경하거나 낚을 수 있다.

이곳은 원래 높은 들녘이어서 주로 산의 형상을 중심으로 들녘의 체취가 강한 산림이 많고, 원림 안은 산이 중심이고 산위에는 오랜 나무들이 울창하다. 내부에는 인공으로 조성한 기암괴석의 가산(假山)이 있고, 정자들과 오백명현사(五百名賢祠)와 명도당(明道堂)을 중심으로 배치된 매화·오동·배나무 등은 어느 원림보다 심산유곡의 선경을 거니는 듯하다.

유명한 창랑정은 산꼭대기 정상에 숨어있고, 그밖에 취령룡(翠玲瓏), 청향관(淸香館), 명도당 등 작은 누각들이 주변을 둘러싸고 있고, 남쪽의 명도당은 원내 가장 큰 건축물이고 명대에 학문을 강의하던 곳이며, 벽에 송평강도(宋平江圖 〈수조우성시도〉) 등이 걸려 있다. 500명현사벽(五百名賢祠壁)에는 수조우 역사와 관련된 500여명 인물조각상이 새겨져 있다.

두 겹의 회랑에는 나무, 꽃 등을 조각해 넣은 기하학적 형태로 연속된 화창(花窓)이 독특하게 아름다운 특색을 나타낸다. 원림 서남쪽에 위치한 인심석옥(印心石屋)이라는 가산과 동굴 또한 아름답다. 산위의 간산루(看山樓)에 오르면 수조우의 풍경이 한눈에 안겨온다. 차경의 수법을 곳곳에 사용해서, 누각의 창은 강물 방향뿐만 아니라 뒤쪽의 숲과 좌우의 정원을 조망할 수 있도록 배치됐다. 명나라시대 미술계의 최고봉으로 꼽히는 심주가 이곳에 자주 들러 시문을 교유했다는 기록이 있어 회화사와도 인연이 깊다.

10) 베이징 자죽원(紫竹院) 공원과 연날리기

자죽원(紫竹院) 공원은 1953년에 만들어졌다. 면적은 86만여 평으로 베이징 해정구(海淀區) 백석교로(白石橋路) 45호에 위치하고 있다. 베이징 북쪽은 IT기업이 몰려있어서 이용이 많은 공원이다. 자죽원(紫竹院)이라는 공원의 명칭에서도 알 수 있듯이 공원의 곳곳에는 호수를 중심으로 많은 대나무 숲이 조성된 것이 특징이다.

이곳은 호수 중심의 공간과 많은 돌들을 아름답게 배치한 균석원(筠石園)으로 구분되는데, 균석원은 돌 배치도 아름답고 호수 주변에 돌을 쌓아 만든 첩석도 매우 아름답다. 그런데 처음 만난 연인들이 이곳 자죽원에서 첫 데이트를 하면 반드시 깨진다는 속설도 있다.

베이징 공원에서 가장 많이 볼 수 있는 놀이는 연날리기이다. 각양각색의 연들을 날리는 모습을 공원 곳곳에서 볼 수 있다.

연은 중국의 북부 지방에서는 지연(紙鳶)이라 불렸고 양쯔강 이남 지역에서는 연자(鳶子)라고 불렸다. 이것은 오대(907~960)에 펑쩡(風箏)이라고 바뀐 이후 그와 같이 계속 불려오게 됐다. 명대의 랑잉(郎珠)의 순추루에 의하면 리예라는 보조 지방의 헌감이 종이로 만든 연을 당나라의 중종 황제의 궁정 뒷마당에서 날렸다고 한다. 연의 윗부분에 대나무 피리를 달아서 연을 날릴 때면 항상 '쩡'하는 소리가 났다고 한다. 그래서 평쩡(風箏)이라는 말이 유래됐다.

중국 최초의 연은 약 2500년 전 춘추시대에 산동 지방에서 날린 것이다. 초창기 중국의 연은 주로 정찰이나 통신의 수단으로 사용됐다. 역사상 연은 통신뿐만 아니라 구조 요청의 역할도 했다. 당시의 연은 목판이나 천으로 만들었으며, 동한(東漢)의 화제(和帝) 때, 채윤(蔡倫)이 종이 제조법을 발명(105)하고 나서야 종이로 만든 연이 등장하게 됐다.

명나라의 왕구의의 리하이지(李海集)에는 바람의 방향과 강도

를 가늠하기 위해서 연을 사용했다 한다. 연을 이용하여 기상 정보를 얻으려 했던 사례는 문헌에서 많이 확인된다.

역사상 중국의 황제나 귀족들은 연을 날려 놓고 바라보는 것을 즐겼다. 연은 궁중 내에서도 인기였으며, 시인, 문필가, 화가들이 연을 소재로 글을 쓰거나 그림을 그리는 일은 자주 있었다. 또한 현대에도 중국인들 역시 공원 등에서 평소에 연날리기를 즐기고 있는 풍경을 익숙하게 볼 수 있다.

11) 베이징의 연못
근춘원(近春園)과 연화지(蓮花池)

청(淸)대의 강희(康熙), 건륭(乾隆) 두 시기는 원림 활동이 가장 활발했으며 애신각라(愛新覺羅), 현엽(玄燁)과 홍력(弘曆)은 이 시대 대형 원림건설의 최대 주동자라고 할 수 있다.

청대 베이징의 황가원림은 10여 곳이 넘었는데, 도성 내에는 서원이 중심이 됐고 서북 교외에는 정의원(靜宜園), 정명원(靜明園), 원명원(圓明園), 창춘원(暢春園), 청의원 등 5개의 황가원림을 세웠다. 또한 청더(承德)에는 피서산장(避暑山莊)을 세우고, 그 밖에 건륭은 전 시대의 기초 위에 삼산(三山), 삼해(三海)를 중건하는 계획을 완성했다.

삼산은 향산(香山), 옥천산(玉泉山), 만수산(萬壽山)을 말하는데, 향산은 정의원(靜宜園) ,옥천산은 정명원(靜明園), 만수산은 청의원이라고 했다. 삼해는 베이징 중심의 북해 및 중남해(中南海)를 합해서 삼해라 한다.

근춘원(近春園)

근춘원은 베이징 서북 지역의 칭화(淸華)대학 내에 위치하고 청대 함풍(咸豊) 황제의 옛 거처(舊居)라고 하나 확실하지는 않다. 청화대학은 2010년에 개교 100주년을 맞이한 중국 최고의 명문 대학이며 이 대학은 이공계가 특히 세계적으로 유명하다. 이곳은 청화원(淸華園)과 이웃하고 있는데, 청화원(淸華園)은 명나라 말기 베이징의 유명한 사가원림으로 이위(李偉)에 의해 건립되었다.

근춘원은 주자청(朱自淸)의 명문 '하당월색(荷塘月色)'의 고향이며 특히 여름달밤에 연꽃이 가득 피어있는 연못의 경색이 아름답기로 유명하다. 연못을 가로지르는 중국 전통 형태의 아치형 석교도 아름답고 연꽃이 핀 연못을 바탕으로 고건축물과 언덕의 둥근 탑건축이 이루는 경관도 빼어나다.

이곳에서 아침, 저녁으로 중국에서 유행하는 대중 무도를 즐기는 중국인들의 모습도 가히 낭만적이라 할 수 있다. 1979년 이후 철저히 개조되어 오늘날의 모습을 갖추게 되었고 현재 칭화대학교 내의 서쪽에 위치한 명소로서, 면적은 135무(畝,무=6.667a)이다.

연화지(蓮花池)

연화지는 1983년에 만들어졌다. 베이징 서남구 풍대구(豊臺區) 연화지 48호에 위치하고 면적은 37.8경(頃,경=2만여평)이다. 베이징 서부역 부근에 있는 연화지에서 서부역사의 고풍스럽고 웅장한 모습을 조망할 수 있다.

연화지 입구 반대쪽에는 전통 방식으로 축산(築山)을 쌓고 호수 쪽으로 물가에 돌을 배치한 소공간이 조성되어 많은 사람들이 물놀이를 즐긴다. 연화지는 명칭에서도 알 수 있듯이 호수라고 부를 수 있을 만큼 거대한 연못이며, 여름철에는 연못에서 뿐만 아니라 부속건물의 주위와 입구 등 연화지 곳곳에서 연꽃이 만개하여 즐길 수 있다.

연못 경관의 극치는 연꽃이 피는 7, 8월이 아닌가 한다. 이 때의 연못은 숨막힐 정도로 황홀한 기분을 느끼게 한다.

연꽃은 꽃이 화려하고 아름답기도 하지만 상징성도 다양하다. 불교에서는 극락을 표현할 때 시원한 물의 청량함과 그 물 위로 피어나는 아름다운 연꽃에 비유했고, 진흙 속에서도 진흙에 물들지 않고 청정하게 피어나는 연꽃의 생태를 이상향으로 여겼다.

이는 중국 송나라 유학자인 주돈이(周敦頤)가 애련설에서 화중군자(花中君子)라 하여 선비의 몸가짐을 나타내기도 했다. 또한 민간에서는 많은 열매가 열리는 연실(蓮實)에 비유하여 자손의 다복함을 얻는 구복적 상징으로 여겼으며, 서양에서도 일찍이 고대 이집트의 벽화에 연꽃이 등장한다.

우리나라와 일본에서는 연꽃을 연(蓮)이라 쓰지만 중국에서는 연(蓮)보다는 하(荷)로 쓴다. 연(蓮)과 하(荷) 모두 연꽃을 뜻한다. 연꽃은 다른 말로 정우(淨友) 또는 화중군자(花中君子)라 하여 사군자(四君子)에 넣기도 한다. 꽃만을 말할 때는 하화(荷花) 또는

♣ 베이징 칭화대학 안에 있는 근춘원

부용(芙蓉)이라 한다.

중국인들에게 가장 사랑받는 꽃은 연꽃과 모란이다. 연꽃과 모란이 피는 계절에는 많은 사람들이 꽃 주위로 모여든다. 중국은 어느 곳이나 많은 연못이 보존되어 있고, 그 연못에는 여름철이 되면 연꽃이 가득 피어 많은 사람들의 사랑을 받고, 많은 문장과 그림을 남기고 있다. 필자도 개인적으로 연꽃을 가장 좋아해서 연꽃이 피는 연못에 가기를 즐겨하고 연꽃 그림도 꽤 많이 모아오고 있다.

12) 우시(無錫) 기창원(寄暢園)

중국 강소성(江蘇省) 우시(無錫)에 있는 혜산(惠山)의 석혜(錫惠) 공원 안에 만든 정원으로 부지면적은 9,900㎡이다. 원나라 때 사찰인 남은방(南隱房)과 구우방(漚寓房)이 있던 곳으로, 명나라 정덕제(正德帝) 때인 1511년 병부상서(兵部尙書)를 지낸 진금(秦金, 1467~1544)이 귀향하여 개인정원으로 만든 뒤, 용이 사는 산(龍山)과 봉황이 사는 골짜기(鳳谷)가 어울린 정원의 정취가 알려지면서 찾아오는 사람들의 발길이 이어졌고, 진원(秦園)이라는 명칭으로 널리 알려졌다. 당시 진금의 시에 이 정원의 정경이 잘 나타나 있다.

名山投老住 노후에 명산에 머물려고 찾아와서
卜筑有行窝 적당한 곳이 있어 집을 지었다.
曲涧盘幽石 굽은 내는 한적한 돌들 주변을 흐르고
长松育碧萝 큰 소나무는 푸르름을 더한다.
峰高看鸟渡 언덕위로는 활공하는 새들이 보이고
径僻少人过 몇몇 객들이 소로에 보인다.
清梦泉声里 샘이 울려퍼지는 소리에 꿈을 꾸니
何缘听玉珂 선녀 소리를 들을 수 있는 행운이 아닌가?

진금이 사망한 뒤 후손들이 정원을 증축하고 기창원이라고 명칭을 바꾸었다. 기창의 뜻은 산림으로 돌아가 은둔하여 구속

받지 않고 자유롭게 산다는 것이다. 또 기창은 왕휘지(王羲之)의 시에서 인지(仁智)를 맞아 받아들여 즐기고, 기창 산수에서 뜻을 취했고, 공자의 인지산수(仁智山水, 인자는 산을 좋아하고, 지혜로운 자는 물을 좋아한다)의 말로서 이로부터 군자의 인덕이 행해지고, 이것은 역대의 유학자의 원림에서 일관된 인용 구절이며 수조우의 졸정원(拙政園)과 함께 이름을 붙임이 똑 같은 솜씨로 오묘함이 있다.

청대 강희제와 건륭제는 이 정원을 매우 좋아해 일생동안 6차례의 남방 순행에 모두 기창원을 유람했고, 또한 베이징의 이화원(頤和園)에 기창원을 모방해 해취원(諧趣園)을 만들었다. 기창원은 남북으로는 길고 동서로는 짧은 연못으로 둘러싸여 있으며, 북쪽에는 당(堂), 동쪽에는 회랑, 남쪽에는 나무, 서쪽에는 산이 배치되어 있다.

이후 1860년에 일어난 태평천국의 난으로 원래 모습을 찾아보기 힘들 정도로 훼손됐다. 지금의 내부 건물은 모두 나중에 재건된 것이지만, 연못과 가산(假山)을 비롯하여 고목 · 비석 · 회랑 · 정자 등이 모두 옛 풍격을 고스란히 간직하고 있다.

기창원의 독특한 원림 특색을 들면, 산림자연 풍광이 농후하고 일반 주택 원림과는 다르다. 그 원인으로는 하나는 혜산(惠山)의 산록의 유리한 지형을 충분히 이용했고, 가까운 산과 먼 봉우리(近山遠峰)을 원내로 끌어들이는 차경(借景) 수법이다.

둘째는 혜산의 두 개의 천이 모여들어 대지를 만들고, 언덕과 교목이 원림 내의 주된 경치가 되고, 수목을 울창하게 조성하고, 안개물이 가득 찬 경치를 만든다. 셋째는 건축물이 적고 인공적으로 가공된 흔적이 많지 않다. 원림 배치는 남북을 향하여 나누어지고 즉 연못과 토산, 주요 관상 건축물은 모두 남북 축을 만들며 평행 배치되며 이것은 지형에 순응한 결과다.

수조우의 졸정원, 베이징의 이화원과 함께 기창원은 3대 명원으로 유명하다. 기창원이 있는 석혜공원에는 구룡벽이 있다. 아홉 마리의 용이 천하를 상징하고, 중국인은 자신을 용의 자손이라고 말한 정도로 용을 매우 숭상한다.

♣ 기창원이 있는 석혜공원의 구룡벽 앞에 선 필자(2003년 초)

13) 청더피서산장(承德避暑山庄)

베이징에서 고속도로로 동북쪽 2시간여 거리에 청더피서산장이 있다. 현재 중국 공산당이 매년 여름휴가 때마다 전, 현직 고위 지도자들이 베이다이허에 집결, 비공식 회의를 연다. 청나라 때는 이곳이 청더이었다.

조선 정조 때의 박지원이 1780년(정조 4년)에 8촌 형 박명원(朴明源)이 청나라 건륭제의 칠순연(七旬宴) 사절로 베이징(당시 연경)에 갈 때, 피서지인 열하를 여행하고 와서 썼다는 열하일기(熱河日記)의 열하가 있는 곳이다. 열하는 겨울에도 얼지 않은 하천이다.

피서산장은 청 황실이 일찍이 목란위장을 만들어 가을에 북방민족 지도자들을 초청해 사냥행사를 열었는데 이때 이들이 머물던 장소였다. 청의 군사훈련장이며 북방 몽고부족을 포용하는 위민책을 썼던 곳이다. 청 건륭은 강희 42년(1703)에 시작한 열하에 피서산장을 완성하니, 강희제는 36경, 건륭제는 36경을 만들어 합해서 72경을 구성했다. 수십 리의 땅을 둘러싸고 넓게 목란위장을 만들었다. 계절에 맞는 꽃을 곳곳에 심고 정과 사 건물을 나누어 배치했다.

피서산장의 바깥에는 8곳의 티베트불교 사원이 있는데 하나로 묶어 외팔묘(外八廟)라고도 하며 다민족 종교를 포용하고 있다. 건륭(乾隆)황제 시기에는 청 황실의 원림은 절정에 이르렀다. 기존의 황가원림들을 지속적으로 확장했고 별도로 대규모의 신축활동을 벌여서, 베이징 서쪽 교외 삼산오원(三山五園)의 방대한 황가원림 군락과 피서산장 이궁(離宮)을 최종적으로 완성했다.

베이징 삼산오원과 청더 피서산장 이궁(離宮)은 역대 중국원림 사상과 수법이 응집된 걸작이며, 중국 고전조원 사상과 예술의 정점을 이루었다. 건륭황제 때 조원활동의 광범위함 조원기예의 뛰어남은 가히 송대와 명대 이후 최고의 수준이라고 할 수 있다.

황가원유와 원림을 명확히 구분하면, 원유에 속하는 목란위장 등은 역대 제왕원유와 마찬가지로 말 타고 활 쏘며 사냥하는 장소였다. 황가원림은 천하 뭇 원림의 걸작를 모으고 의도적으로 문인의경(文人意境)과 시정화의(詩情畫意)를 원림경관에 부여하였다.

특히 강희와 건륭 두 황제는 재위기간 중에 강남지방을 직접 순시하면서 다수의 강남 사가원림을 직접 유람했다고 전해지는데, 피서산장에는 "하늘을 옮기고 땅을 축소함이 당신의 마음속에 있다(移天縮地在君懷)"는 상징수법이 표현됐다.

청대 황가원림은 전체면적이 광활하고 그 가운데 수면 역시 거대하여 이러한 "거울에 맑게 갠 그림자 잠기고 저무는 햇볕 떠

있고, 파도에 차가운 빛 비치니 이른 가을을 알리네(鏡涵霽影浮斜日, 波映寒光報早秋.)"와 같은 경수도영의 효과를 특히 중요시 했다.

강희는 '피서산장기(避暑山莊記)'에서 원림터를 이곳으로 고른 가장 중요한 이유가 자연조건이 훌륭하여 휴양하기에 적합하다 했고, 설계원칙은 자연 지세에 순응하는 것, 가급적 터가 갖는 자연적 아름다움을 그대로 경관요소로 삼아 쓸모없는 비용의 낭비를 없앴다.

이렇게 만들어진 피서산장에서 농사의 즐거움을 체험했는데, "한 번 노닐고 한 번 즐김에 농사의 기쁨과 슬픔 아님이 없고, 혹 새벽에 일찍 일어나 옷을 입고 혹 밤늦게 밥을 먹음에 경전과 사서에서의 안위와 치란을 잊지 않는다. 남쪽 밭이랑에서 밭갈이를 권면하매 풍성한 익은 곡식이 대광주리에 가득 차기를 바라고, 가을걷이 무성하매 시절이 순조로워 비와 햇볕이 적절한 경사를 즐거워하니, 이것이 피서산장에 거처하는 까닭이다."

14) 중국 고궁 원림 - 어화원, 경산공원, 북해공원

고궁(故宮), 자금성(紫禁城)은 중국 베이징 시에 위치한 명·청대 황제가 거처하던 궁궐이다. 지금은 고궁박물원이라 부르는 명, 청나라 황궁이었다. 황제의 권력과 위엄을 상징하기 위해 설계된 자금성은, 천제(天帝)의 거처와 동등하게 여겨졌다. 자금성이라는 이름은 황제의 허가 없이는 그 누구도 안으로 들어오거나 나갈 수 없다는 의미다.

황궁이 건립된 시기는 명나라 영락(永樂4년, 1406)때며, 동원된 인원이 20만명에 공사기간만 15년이 걸렸다. 중국에서 현존하는 궁궐로서는 가장 웅장하고 뛰어난 건축물이다.

직사각형 모양의 건물 단지는 각 변에 성문이 나 있다. 총 넓이가 약 72헥타르에 이르는 자금성 안에는 약 800채의 건물과 8,880개의 방이 있다. 이 건물들 중에 다섯 채의 커다란 전당과 열일곱 채의 궁전이 있었다.

자금성은 두 지역으로 구분된다. 남쪽 구역, 즉 '전조'(前朝)는 황제가 매일 정무를 보는 곳이었고, 황제와 그 가족이 거주하는 곳은 북쪽 구역, 즉 '내정'(內廷)이다. 건물은 주로 목재를 사용했다. 자금성 안에 오래된 목조 건물들은 세계에서 가장 큰 규모이고, 지붕은 전통적인 황제 색깔인 노란색이다.

1644년 명나라 이후 청나라 열 명의 황제들은 자금성을 수도로 삼았다. 1912년, 신해혁명에 뒤이어 중국의 마지막 황제인 푸이가 퇴위했고, 자금성은 결국 박물관이 되었으며 유물들의 일부는 국공내전(國共內戰) 동안 대만으로 옮겨졌으나 많은 보배와 진기한 물품들을 전시하고 있다.

자금성에서 후궁까지 지나면 유일하게 나무와 돌이 있는 어화원(御花园)이 있다. 어화원에서는 궁녀를 선발했고 서태후도 이곳에서 살다 17살에 궁녀로 선발됐고 함풍황제의 총애를 받아 귀비가 되었다. 아들이 동치황제로 되면서 25살에 황후가 되어 48년간 수렴청정을 했다.

어화원에 있는 10m높이의 태호석으로 쌓은 퇴수산(堆秀山) 위에는 어경정(御景亭)이 있는데 궁녀가 황제의 눈에 띄기 위해 목이 빠지게 바라다보던 곳이라 한다. 고궁 북쪽에는 언덕위로 경산(景山)공원이 있고, 경산공원 서쪽에는 옛 서원(西苑)의 일부인 북해공원이 있다.

경산공원은 높이 약 43m이고, 해발고도는 88.7m이다. 베이징 중심에 있는 공원으로 자금성 안을 전망할 수 있다. 금(金) 때 이궁(離宮)을 만들면서 지금의 북해를 판 흙을 쌓아 언덕을 만들었고, 원(元) 때는 궁정의 정원이었다.

명(明) 때인 1403~1424년에 자금성의 통자하(筒子河)를 판 흙을 쌓아 5봉(峰)을 만들고, 건륭제(乾隆帝)가 그 봉우리 위에 만춘정(萬春亭) 등 산정(山亭)을 세웠다. 화원과 수황전(壽皇殿) 등 전각이 있고 서쪽 가까이에 백탑(白塔)이 솟아 있는 북해공원의 구릉이 있다. 옛 이름은 만수산(萬壽山)이며 명, 청(淸) 때는 자원(紫苑)이라고 불렀다.

1644년 이자성의 난 때 농민봉기군이 베이징을 공격하여, 명의 마지막 황제 숭정제(崇禎帝)는 동산록(東山麓)에 있는 괴목에 목을 매 자살했다. 1655년에 경산(景山)이라고 개칭하였다. 1949년 이후 공원으로 개방하였다.

수나라 양제(煬帝) 때에 대규모의 운하를 만든 토목공사가 있었다. 지금의 절강성 항조우와 베이징의 북해공원까지를 연결하는 대운하가 만들어졌고 북해에는 강남의 물자를 싣고 와서 부리는 선착창도 있었다.

청 건륭 시기에 1차 재건 완성된 자금성 서쪽 서원의 일부이다. 현재 서원의 중해, 남해 지역은 중국 정부의 관저로 사용되어서 개방되지 않고 있다.

북해공원은 1179년 황궁의 후원으로 만들어졌다. 북해 안에 1개의 경화도(璟華島)에는 많은 전각, 누정이 있고, 정상에는 라마교 건축물인 백탑이 아름답고, 베이징 시내를 잘 조망 할 수 있다.

북해공원 북서쪽에는 강남사가원림을 재현한 정심재(靜心齋)가 있다. 또 북단에는 구룡벽(九龍壁)이 있다. 구룡은 황제를 상징하며, 중국에는 3곳에 구룡벽이 있는데, 산서(山西)지방의 태원(太原)과 강남지방 우시(無錫)의 석혜(錫惠)공원, 베이징의 북해공원에 있다.

♣ 자금성 후원인 어화원에 있는 태호석으로 쌓은 퇴수산

15) 베이징의 용담(龍潭)공원과 인공 산수(山水)자연

용담(龍潭)공원은 1985년에 만들어졌고, 면적은 46만㎡이며, 그중 수면이 17만㎡인 종합공원이다. 베이징시 숭문구(崇文區) 용담로(龍潭路) 8호에 위치하고 있다. 공원 전체 계획은 중국의 전통 정원형식을 따르고 있다.

산과 물이 중심이 되고 용이 주제가 되며 공원 내에는 용이 승천하는 집이라는 등용각(騰龍閣)이 중심에 있고 용이 울고, 용의 연못, 용자 형태의 돌무더기 등 용금각(龍吟閣), 용담(龍潭), 용자석림(龍字石林), 용문(龍門), 연못에 꽃이 만개한 연당화서(蓮塘花嶼) 등 돌출된 용이 특징적인 5개 경관구역의 주변에 배치되어 있다.

약 2,300m의 호안선, 호안선의 굴곡, 높고 낮은 울퉁불퉁함, 풍부한 변화, 호수 안에 있는 4개의 작은 섬, 4개의 반도, 3곳의 얕은 웅덩이, 6곳의 녹지, 석양의 경치 등으로 많은 유람객들의 흥취를 돋구어주고 있다.

산수는 중국어로 경관을 말한다. 산과 물 외에도 경관요소로는 건축, 화목, 원림소품들이 있다. 산수를 구성하는 산체(山體)와 수체(水體)를 세분화해 보면, 산체에는 연속적으로 잇대어 있고, 정상부가 불쑥불쑥 튀어 오르고 바닥이 울퉁불퉁한 산봉우리인 봉만(峰巒), 구릉을 말하는 구부(丘阜), 정원의 원산(園山)과

정산(庭山), 토산(土山), 석산(石山), 호수의 돌산인 호석산(湖石山), 황석산(黃石山) 등으로 구별할 수 있다.

수체에는 강(河), 호수(湖), 연못(池), 우물(泉), 개울(澗), 폭포(瀑) 등이 있다.

산체는 초기에는 산이 가진 거대한 규모와 간단하고 강렬한 선을 어떻게 하면 두드러지게 할 것인가에 중점을 두었다. 그러나 시대가 변함에 따라 여러 개의 산이 연속적으로 이어진 산체가 하나의 산체를 대치하고 산의 풍부한 형태 변화가 원림의 가치라고 알게 되었다. 또한 산체의 선택과 그것을 빛어내는 방법은 각종 경관과 경관구역의 조합에 직접 관계가 된다.

북송의 유명힌 간악(艮岳)은 '십리의 산으로 천리의 기세'를 보여주었다. 이것은 상해의 예원(豫園)에서 산은 높고 낮은 것을 우회하면서 비교적 낮고 평평한 언덕의 강(崗), 재 혹은 고개의 영(嶺), 동굴의 동(洞), 개울(澗), 개펄이나 모래톱의 탄(灘), 골짜기 혹은 산골짜기 웅덩이의 학(壑) 등을 절묘하게 만들어 냈다.

수체의 조성에는 중당(中唐) 이후부터 별천지가 따로 없고 즐기면 그것이 별천지(別天地)라는 뜻에서 호천(壺天) 호중천지(壺中天地), 즉 호천(壺天) 속에서 넓고 아득한 공간이 생각하는 호중(壺中)과 작은 한 점의 개자(芥子)의 격식이 원림의 중요한 물을 이용하는 예술로 전해졌다.

여기에서 관심의 대상은 수체로 하여금 가능한 커다란 공간감과 풍부한 형태변화를 갖추도록 하는 것이고 조성수법에서는 더욱 유연하고 효과적으로 여러 개의 경관요소를 융합시켜 일체감을 이루도록 하는 것이다.

백거이(白居易), 이덕유(李德裕) 등은 원림 안에서 지(池), 천(泉), 계(溪), 간(澗), 폭(瀑), 포(浦) 등의 풍부한 수체를 만들었고 그 이후 소(沼), 거(渠)등이 출현하고 있다. 또한 이격비(李格非)의 글에서 '물이 있어서 원림의 정자가 생기를 얻는다'는 예술의 중심을 볼 수 있다.

수체 조성 기법에서 지당(池塘)은 수체의 가장 간단한 형식으로 정형식과 자유식의 2가지 형태가 있다.

16) 수조우 원림박물관, 사자림, 유원

절강성 수조우 동북로 일대에는 중국 사가원림을 대표하는 졸정원과 수조우 원림박물관, 사자림이 있고, 구시가지를 벗어난 거리에 유원이 있다. 동북로 곳곳에는 전통 의상과 풍물점들이 즐비한데, 유원 입구도 마찬가지다. 졸정원 출구 쪽에는 중국원림 발전변천사를 한 장소에서 모두 볼 수 있는 수조우 원림박물관과 길을 가로질러서 기암괴석으로 구성된 사자림이 있다.

졸정원 출구에 연결되어 수조우 원림박물관이 있다. 원림모형, 원림사진, 도면, 원림관련 고서와 근래에 출판된 책 등을 볼 수 있다. 고대 중국원림에서부터 근대 원림까지 유형별 대표 원림을 일괄한다. 사자림은 송시대의 원림이었는데 대숲이 울창하고 기암괴석(奇巖怪石)이 많아 사자를 연상시키므로 사자림(獅子林) 또는 사자림사(獅子林寺)라 했다.

명나라 어떤 부호의 개인 정원이었으나 원대와 같은 사원이 되면서 성은사(聖恩寺)라 했다. 청의 건륭 12년(1747년)을 전후하여 개수(改修)할 때 절과 담장으로 나누었다. 청나라의 중기에는 축산(築山)이 크게 달라졌으며 동굴이 많이 만들어졌다. 동쪽과 북쪽에는 많은 건물이 있고, 남쪽과 서쪽에는 주랑(走廊)으로 둘러져 그 안쪽 공간에 태호석(太湖石)의 가산(假山)으로 된 원림이다.

산수는 경관을 뜻하는 중국어 표현으로, 중국에서는 흔히 산을 태호석으로 쌓았다. 이곳 연못가, 섬, 폭포에는 태호석으로 쌓은 수많은 석가산이 있다.

유원은 유원가(留園街)에 위치하며 중국 4대 원림의 하나이며 경치가 빼어나 '성곽 밖으로 나가지 않고서도 산림의 경치를 느낄 수 있다'라는 말이 있을 정도다. 명 가정(嘉靖)시대(1522~1560)에 서태시(徐泰時)라는 관리가 자기 집의 동, 서쪽에 원림을 각각 조성했는데 이것이 유원의 시작이다. 그 후 청의 가경(嘉慶) 시대(1796~1819)에 유서(劉恕)라는 관리가 소유하면서 복원과 개조 작업이 이루어졌다.

그는 "죽색청한(竹色淸寒) 파광징벽(波光澄碧)"(정원에 심겨진 대나무의 색조는 청아하고, 차가우며 연못에 이는 물결은 맑고 푸르다)이라 하여, 원림의 이름을 '한벽장(寒碧莊)'으로 정했고, 성(姓)에 착안해 '유씨(劉氏)의 정원' 즉 유원(劉園)이라고도 불렀다.

광서(光緒)시대(1895~1908)에 성강(盛康)이라는 관리가 소유한 이후 대대적인 확장공사가 이루어져 현재와 같은 원림이 됐다. 그는 '장유천지간(長留天地間)'에서 뜻을 따고 유서의 성을 취한 유원(劉園)의 음(音)에 맞추어, '유원(留園)'으로 정원의 이름을 바꿨다. 장유천지간에서의 '유(留)'는 2가지 뜻으로 해석되는데, "영원히 없어지지 않는다"는 의미와 "오래 머무르다"는 의미로 통한다. 유원(留園)은 영어로 'The Lingering Garden'으로 사용

♣ 유원에 있는 중국에서 가장 크다는 태호석인 관운봉

되고 있는데 '영원히 머무르고 싶은 정원'으로 해석된다.

유원의 특징은 중국 역대 문인들의 필적이 새겨진 회랑과 하나하나 무늬가 들어 있는 화창(花窓)이다. 이 창문은 일종의 장식품일 뿐 아니라, 창문에 비치는 정원의 풍경들을 걸을 때마다 시시각각 다른 그림으로 연출하면서 보여준다. 북쪽 정원에는 중국에서 가장 크다는 태호석인 관운봉(冠雲峰)이 있다. 관운봉 좌우에는 '서운봉(瑞雲峰)', '수운봉(岫雲峰)' 으로 불리는 태호석이 각각 자리 잡고 있어, 전체로는 3개가 중심이 된 비대칭 균형의 완벽한 구성이 된다.

한편 태호석에는 '구름(雲) 속에 펼쳐진 봉우리(峰)'를 뜻하는 이름을 모두 붙임으로써, 신선세계의 상징물로 느낄 수 있다. 임천기석지관에서 태호석을 시각적으로 돋보이게 하는 배경이 되는 '관운루(冠雲樓)'가 있고, 관운봉과 서운봉 사이에 있는 6각 정자는 '관운정(冠雲亭)'이다.

2. 일본정원

1) 가가와현 다카마츠의 리쓰린공원

리쓰린(栗林)공원은 일본의 가가와현 다카마츠시에 위치한다. 에도시대의 정원을 대표하는 면적 약 78만㎡의 공원이다.

에도 시대(江戶時代) 초기 사누키 지방의 영주였던 이코마 타카토시(生駒高俊)의 별장이다. 메이지시대(明治時代)에 이르기까지 228년 동안 마츠다이라(松平) 가문 영주들의 별장으로 이용됐다. 메이지유신(明治維新) 이후 정부 소유가 됐다가 후에 현립공원으로, 1953년 특별 명승지로 지정됐다. 일본에서 가장 유명한 정원 중의 하나다.

자연스러운 형태의 6개 연못에는 연못 안에 돌을 배치하여 신선이 산다는 삼신산(三神山)을 상징하고, 연못가에 거친 바닷가를 연상시키는 잔자갈을 까는(스하마라 한다) 등, 전통기법을 잘 보여주고 있다. 13개의 나지막한 언덕과 연못을 가로지르는 아치형 다리가 설치돼 있는데 이 다리는 자연스럽게 산책로로 연결된다.

기묘한 형태의 소나무와 단풍나무, 벚꽃나무 등과 계절에 따른 수많은 종류의 꽃들이 매우 아름답다. 계절, 날씨, 시간에 따라 다양한 풍광을 만끽할 수 있는 매력적인 공원이다. 공원 이름이 유래된 밤나무는 1850년 오리사냥을 위해 모두 베어 버렸다. 일본차와 과자를 맛볼 수 있는 에도 시대에 건축된 찻집(키쿠게츠 테이)이 정원 중앙에 있고, 민속 공예품 전시관도 있다.

다카마츠에는 리쓰린공원 외에도 지추(地中)미술관, 이우환 미술관이 있는 나오시마(直島) 등 볼거리가 많다. 나오시마섬은 가가와현 다카마츠 앞 세토나이카이 동부에 있는 섬으로 카페리 여객선이 운항된다.

1989년 베넷세코포레션이 나오시마 문화촌 구상의 일환으로 국제 캠프촌을 열었다. 3년 뒤에는 베넷세 하우스를 개설했다.

나오시마섬에 도착하면 우선 선착장 부근의 노랑, 빨강 호박이 눈길을 끈다. 안도 다다오가 건축한 지추미술관은 이름처럼 거대한 미술관을 땅속에 파묻었다. 입구에 있는 수련 연못에 노랑 수련 꽃이 피어난 연못 주위로는 이름 모를 야생화들이 가득하다.

2) 긴카쿠지(銀閣寺)와 철학의 길

긴카쿠지(銀閣寺)는 쿄토 히가시야마(東山)의 죠도지야마(淨土寺山)에 위치한다. 쿄토의 다른 사찰과 달리 입구 경사로 양옆에는 기념품 가게들이 즐비해서 상가 분위기를 낸다.

8대 쇼군 아시카가 요시마사는 무로마치 시대인 1467년부터 1477년까지 계속된 내란으로 전국시대(센고쿠 시대)가 시작되는 계기가 된 오닌의 난이 일어나자 文明 5년(1473년)에 쇼군을 그만두고 학문과 예술에 세계에 은닉하기에 이른다. 서화 감상, 와카, 렌카, 다도, 노가쿠(能楽) 등에 심취했다.

그 중에서도 정원 조영에 뛰어난 재능을 발휘했다. 특히 그가 좋아한 정원은 사이호지였다. 쇼군이었던 寛正 3년(1462년)부터 착수한 다카쿠라 어소의 정원 조성 이후 사이호지를 모델로 다시 한 번 정원을 조성한 것이 동산전(東山殿)이며, 이곳이 현재의 긴카쿠지(銀閣寺) 정원이다. 동산전은 사이호지를 그대로 모방한 것이 아니라, 히가시야마라는 입지를 최대한 살려서 사이호지의 건물 구성이나 연못의 형태를 옮겨왔다.

동산전은 사이호지와 같이 크게 상하 2단으로 나눠 구성됐다. 요시마사는 선의 수행도량인 사이호지의 상부 정원을 모델로 하면서도, 새롭게 다도를 위한 공간으로서 정원을 동산전에 만

♣ 긴카쿠지의 향월대 · 은사탄

들었다. 이러한 정원은 이후 와비차의 성행 속에 로지(露地)라고 하는 다정(茶庭)으로 발전해 간다.

요시마사는 동산전(東山殿)의 완성을 보지 못한 채 붕어하자, 이곳은 유언에 따라 선종사찰로서 요시마사의 법호를 따라 지쇼지(慈照寺)로 개칭된다. 이후 전란에 의해 절은 황폐하고, 명석인 구산팔해석(九山八海石)도 반출되어 버리지만, 慶長 20년(1615년)에 수복된다. 이때 연못과 정원이 개수되어 지금과 같은 모습으로 그 배치와 석조가 바뀌었다고 추정된다.

데츠카쿠노미치(철학의 길), 벚꽃나무 가로수길 하천

현존하는 동산전 창건 당시의 건물로는 은각(銀閣 : 사리전)과 동구당이 있다(국보國寶). 宝暦 4년(1754년) 『산성명적순행지(山城名跡巡行志)』에는 동구당은 원래 방장의 남쪽, 은각의 동쪽에 있었다는 기록이 보이는데, 이곳은 지금의 향월대 · 은사탄(向月台 · 銀沙灘)이라고 하는 성사(盛砂 : 모래를 쌓아 올린 정원 의장) 부근에 해당한다. 현재의 방장은 寛永 연간에 건립된 것이며, 동구당의 위치는 향월대(向月台) 부근이었다고 볼 수있다.

쿄토의 긴카쿠지 근처에는 데츠카쿠노미치(哲学の道)라는 산책길이 있다. 데츠카쿠노미치는 철학의 길이란 뜻인데, 은각사 옆구리에서 시작해서 남선사까지 이어진 2㎞ 정도 길이다. 구불구불한 수로를 따라 심어진 벚나무 가로수길은 어느 계절에도 좋지만 특히 벚꽃이 만개하는 봄철에는 장관을 이룬다. 쿄토대학 인근에 있는 이 길 이름은 쿄토대학교의 교수이자 철학자인 니시다 기타로(1870~1945년)가 이곳에서 산책을 즐겼으며, 철학의 길이라 불리게 됐다 한다.

쿄토대학에 노벨상 수상자가 많은 이유를 사색을 만끽할 수 있는 이 길이 있었기 때문일 것이라고도 한다.

3) 무소 소세키(夢窓疎石) 정원 만들기와 사이호지(西芳寺)

무소 소세키는 뛰어난 정원가이며 선승(禪僧)이다. 소세키는 인생 전반부에 속세에서 벗어나 산속에서 수행을 했고, 각지에 수행의 장소로 알맞은 정원을 만들었다. 이 정원들은 주위의 자연을 포함한 하나의 종교적 세계였으며, 그는 '경치(境致)'라 불렀다.

소세키는 인생 후반부에 적극적으로 정치에 참여하고, 1만 3,145명이나 되는 제자를 키워냈으며, 덴류지(天龍寺)의 발전에 전력을 다했다. 특히 그의 작정(作庭) 이념은 가레산스이(枯山水) 양식 성립에 큰 영향을 미쳤다.

다카우지의 동생 다다요시는 소세키에게 참선하여 가르침을 받고, 법어 93단을 <몽중문답집(夢中問答集)>으로 간행했다. 여기에서 소세키는 정원 애호가를 세 종류로 구분하고 있다. 첫째는 훌륭한 정원이나 진귀한 나무와 돌을 자랑삼아 모으는 속진(俗塵)을 사랑하는 사람이다.

두 번째는 천성이 담백한 사람으로 정원을 통해 수양을 하여 속진에 물들지 않는 사람이다. 세 번째는 산하대지(山河大地)와 초목와석(草木瓦石)이 곧 자신임을 믿고, 구도적인 자세로 계절에 따라 변화하는 정원을 마음의 수양처로 생각하는 사람이다. 그는 "산수에는 득실이 없으며, 득실이란 사람의 마음속에 있다"라고 말했다. 이는 정원 자체에는 선이나 악이란 있을 수 없고, 단지 인간의 마음속에 존재할 뿐이라고 풀이된다.

소세키는 덴류지 정원에 앞서, 자신이 한때 머물었던 미노의 호계산 영보사(虎渓山 永保寺), 도사(土佐) 오태산 흡강암(五台山 吸江庵), 미우라(三浦) 박선암(泊船庵), 가즈사(上総) 퇴경암(退耕庵), 가마쿠라 서천사(瑞泉寺), 갑비목장 혜림사(甲斐牧庄 恵林寺), 쿄토 아라시야마의 린센지(臨川寺)와 사이호지 이외에, 도지지(等持寺)에도 정원을 만들었다.

사이호지의 창건은 덴표(天平) 3년(731년)으로, 원래는 교기(行基)가 기나이(畿内)에 건립한 49원 중 하나였다. 가마쿠라 시대에는 정토종의 사찰이었으나, 랴쿠오(暦応) 2년(1339년)에 아시카가 막부의 중신이 소세키를 초빙하여 선종 사찰로 부흥시켰다. 사이호지(西芳寺)라는 이름은 그때까지의 세이호지(西方寺)를 개명한 것이다.

소세키는 이곳이 그가 사숙한 양좌주(亮座主)가 은둔한 홍주서산(洪州西山)과 통하는 쿄토의 서산(西山)이라는 점에 착안하여, 〈벽암록(碧巖錄)〉에 나오는 선학(禪學)의 이상경을 이곳에 만들었다.

사이호지 정원은 아라시야마의 남쪽에 있는 마쓰오산(松尾山)의 계곡 서방사천(西芳寺川) 강변에 위치하며, 북으로 아라시야마와 마쓰오산의 낮은 능선에 닿아 있다. 이 정원은 산중턱에 만들어진 상부정원과 연못을 중심으로 하부정원으로 구성된다.

소세키는 종래의 연못을 정비하고 황금지라고 했으며, 연못 주변이나 섬에 불전(佛殿)인 서래당(西來堂)을 비롯하여 중층 누각인 유리전(瑠璃殿: 사리전) 등을 배치하고, 정자 다리와 선착장을 설치했다. 당각(堂閣)과 승사(僧舍)는 긴 회랑으로 연결되어 있다. 서래당 앞에는 '낙양(洛陽)의 기관(奇觀, 기이한 광경)'이라 불리는 벚꽃이 있으며, 흰 모래가 깔린 스하마(洲浜)에는 소나무 및 상서로운 나무가 숲을 이루고, 수면에 비치는 모습은 천하의 절경으로 사람의 힘만으로 만들 수 없다는 생각이 든다.

이 연못정원은 정토적인 색채가 농후하여 밝고 호화롭다. 따라서 고곤(光嚴) 상황·고묘 상황을 비롯한 사람들이 봄과 가을에 꽃과 단풍을 보기 위해 사이호지를 자주 방문하여 뱃놀이도 함께 즐겼다고 한다. 이곳에서 소세키가 만들어낸 산수의 절경을 보고 불도에 입문하는 자도 적지 않았다.

이 정원은 사다후사 친왕(貞成親王)의 복견전(伏見殿), 아시카가 요시미쓰의 북산전(北山殿), 아시카가 요시마사(足利義政)의 동산전(東山殿) 등 후세 수많은 정원에 큰 영향을 미쳤다. 특히 요시마사는 그 모친을 위해 다카쿠라(高倉) 어소(御所)에 한 치도 틀

림없이 사이호지의 정원을 옮겨 놓았다는 일화로 유명하다.

오닌(應仁) 3년(1469년), 사이호지의 건축물은 전란으로 상남정(湘南亭)만 남기고 전부 소실되어 황폐화됐다. 전란 후, 요시마사는 이곳을 수복하여 부분적으로 옛 모습을 되찾았다. 또 야마시나(山科) 남전(南殿)을 조영한 렌뇨쇼닌(蓮如上人) 등은 이 정원 복원에 힘을 들였고, 게이초(慶長) 연간에 센노 쇼안(千少庵)이 세운 상남정(湘南亭) 등 현재의 건물들은 모두 후세에 세워진 것이다.

그러나 정원의 배치나 구성, 그리고 석조는 소세키 생전의 모습을 그대로 간직하고 있다. 이 정원은 지면을 덮고 있는 십여 종의 이끼로 인해 이끼 절(코게 테라)이라고도 하며, 현재도 명원으로서 손색이 없다.

4) 쿄토의 도후쿠지(東福寺)

쿄토 히가시야마 36봉의 남쪽 끝자락 에니치산 산기슭에 자리 잡고 있는 도후쿠지(東福寺)는 가마쿠라시대에 창건된 사찰로 쿄토에서 가장 큰 선종사찰이다. 수많은 국보와 중요문화재가 있다.

나라 시대의 영광을 가져오겠다며 도다이지(東大寺)의 '동(東)'자와 고후쿠지(興福寺)의 '복(福)'자를 따 만든 절이다. 작년 서울 국립중앙박물관에서 전시했던 신안해저 유물 중에는 '도후쿠지 공물'이라 적힌 물표가 나왔다. 이 사찰이 얼마나 큰지를 이야기해준다.

도후쿠지는 나라에 있는 도다이지(東大寺)와 고후쿠지(興福寺)에 견줄만한 사찰을 만들기 위해 7년간의 공사기간을 거쳐 1243년에 완성됐다. 쿄토 오산 중 하나이며 특히 단풍이 아름답기로 유명하다. 쿄토의 선종 5개 사찰, 즉 오산(五山)이라 하는 텐류지(天龍寺), 쇼코구지(相國寺), 겐닌지(建仁寺), 난젠지(南禪寺), 도후쿠지(東福寺)는 일본 선종을 대표하는 임제종 사찰이다.

방장(方丈)이란 우리 식으로 말하면 조실(최고의 스승) 스님이 거처하는 곳이다. 도후쿠지 방장은 화재 후 1890년에 재건됐으며 정원은 근대의 대표적인 정원 예술가로 꼽히는 시게모리 미레이(重森三玲)가 1939년에 완성했다. 시게모리는 일본 전통 고산

수(가레산스이) 정원을 현대화했다. 20세기 정원의 최고 명작 중 하나로 손꼽힌다. 이 정원의 특징은 방장의 동서남북 사방을 모두 다른 형태의 정원으로 꾸몄다.

이 정원은 석가모니의 팔상도에서 이름을 따라 팔상정원이라 하기도 하고, 호조정원이라고도 한다. 방장을 둘러싸고 있는 정원은 저마다 철학적인 의미를 품고 있는 오묘한 힘이 있다.

남쪽 정원엔 삼신산에 또 하나의 산을 더해 사선도(四仙島)를 거석으로 표현했고, 소용돌이 모양의 모래 무늬로 팔해(八海)를 나타냈다. 서쪽엔 오산을 동산으로 표현했고, 동쪽은 우물 정

(井)자로 공간을 나누었고, 북쪽은 원래 있던 이끼를 살려 이끼 정원으로 조성했다.

방장에서는 도후쿠지의 또 다른 볼거리인 츠텐교가 보인다. 츠텐교는 가이산도(開山堂)로 들어가는 다리로, 앞뒤가 긴 회랑으로 연결되어 있다. 워낙에 단풍명소로 이름이 알려져 가을이면 발 디딜 틈이 없을 정도로 수많은 사람들로 붐빈다. 츠텐교에는 긴 통나무 벤치가 양 옆에 설치되어 있어 걸터앉아 다리 아래로 흐르는 계곡을 내려다볼 수 있다. 이 자리가 도후쿠지의 하이라이트이고 모든 교토 관광안내서마다 나오고 있다.

츠텐교를 지나면 이 절의 창시자인 엔니벤엔 스님의 상을 모신 가이산도가 있다. 가이산도에는 교토의 사찰 어디에서나 볼 수 있는 고산수(가레산스이)가 있다. 에도 시대에 조성된 이 가레산스이의 앞쪽은 백사를 여러 방향으로 갈퀴질하여 기학학적 구성을 보여주고, 뒤쪽은 영산홍 속에서 솟아오른 괴석에 학바위, 거북바위라 하여 자연을 상징한다.

산몬 좌우에 욕실(東司)과 변소 건물이 대칭으로 배치되어 있다. 욕실은 1459년에 지어진 것으로 도다이지 욕실 다음으로 오래된 것이다. 내부는 볼 수 없다. 흥미를 끄는 또 하나는 산몬 왼쪽에는 동사라고 불리는 변소가 있다. 동사 건물은 정면 7칸, 측면 4칸의 거대한 규모다. 무로마치시대 전기에 지어진 것으로 일본에서 가장 오래됐고, 가장 큰 규모여서 중요문화재로 지정되어 있다. 바닥에 구멍을 뚫어놓고 볼일을 본 다음, 삼각 막대기로 뒤처리를 했다고 한다.

도후쿠지는 산자락에 위치하여 버스는 들어갈 수 없다. 이곳을 찾아가려면 JR전철을 타고 도후쿠지역에 내리거나 쿄토역 기온 방면에서 버스를 이용해야 한다. 도후쿠지역에 내려 오른쪽 왼쪽으로 꺾어지는 대규모 저택들이 즐비한 골목을 걸어야 한다. 이 저택들은 일반주택이 아니라 탑두사원들로 도후쿠지에 속한 작은 사원이다.

5) 나라시대 헤이조쿄의 도인(東院)정원

나라시대 수도 헤이조쿄(平城京)에 있는 헤이조큐(平城宮)에는 동서 약 260m, 남북 약 760m로 길게 돌출된 부분이 있다. 도인(東院)으로 추정된다. 연회 등이 개최됐고 황태자 처소 '동궁(東宮)', 천황의 처소로 이용됐다.

그 남반부에 도인정원이 있다. 정원 대부분이 연못이다. 복원된 일본정원 중 가장 오래됐다는 점이 중요하다. 1968년부터 4차 조사에 의해서 원지(園池)의 전체 모습이 밝혀졌다. 원지는 북에서 남으로 내려오는 완경사지 가장자리에 위치하고 있다.

♣ 일본 나라시대 헤이조큐(평성궁)의 도인정원

작은 골짜기 형태다. 도인정원은 나라시대 8세기 초 · 중반에 대규모 수리를 했다.

경주 안압지(雁鴨池, 현재의 月池)를 1:3.5 비율로 모방 또는 축소해 이 원지 수리를 만들었다고 추정된다. 여기에서의 모방은 단순한 안압지 형태와 연못 안에 있는 3섬인 삼신산(三神山)의 모방일 뿐, 기술적 수준에서의 모방은 아닐 것이다.

시기적으로 전기의 연못은 상층 유구를 보존하려고 하층 유구를 검출하지 않아서 많은 점에서 분명하지 않다. 연못의 형태도 전기의 단순한 역L자형에서 후기에는 몇 개의 만(彎)이나 튀어나온 섬을 갖는 것으로 다시 만들었다.

후기 연못은 전기의 연못을 얕게 매립하고 호안을 깨부수고 완경사의 스하마(洲浜, 거친 해안가의 풍경을 나타낸다)를 하고 있다. 기본적인 평면 형태는 전기의 연못을 따르고 있으나 호안의 출입이 보다 복잡하다. 연못의 북동 귀퉁이를 동에 확장시키고, 더욱 그 북쪽에 작은 연못이 있고 연못의 깊이는 약 40㎝로 얕다.

연못의 서쪽 호안에는 중앙건물에 부속하는 대(臺)가 수면에 길게 돌출하고 동쪽 호안에는 다리가 걸쳐있다. 연못의 북쪽 끝에는 인공 산을 만든 축산(築山) 석조(石組)가 있고, 서남부 가운데에는 섬이 있어서 경관의 초점이 된다. 굴곡 있는 튀어나온 섬의 끝에는 모양 좋은 돌이 배치되고 완만한 구배로 작은 돌을 조밀하게 깐 스하마가 들쑥날쑥 하는 호안을 만들고 있다.

특히 연못 서남 모퉁이에는 유배거(流杯渠)가 있다. 구불구불한 도랑에 잔을 띄우고 시 짓기를 하는 연중행사 하나였던 음력 3월3일 삼진 날에 곡수연(曲水宴)을 하던 곳이다.

이 곡수연은 중국 진(晉)시대에 시작되고 이후 일본 한국에서 성행했다. 새봄을 맞이하여 천신(天神)께 제사하고 뒤풀이로 시 짓기를 즐겼던 풍속이다.

6) 도쿄(東京) 하마리큐온시정원(浜離宮恩賜庭園)

일본 도쿄도 추오쿠(東京都中央区)에 있는 정원이며, 에도 시대(江戶時代)에 만들어진 바다와 접한 정원으로 시오이리노이케(潮入の池)라 한다. 면적은 250,215.72m². 국가지정 특별사적 및 특별명승(国指定特別史跡及び特別名勝)이다.

도쿄도 분쿄구(東京都文京区後楽一丁目)에 있는 동일한 에도 시대(江戶時代)의 정원인 코이시카와코라쿠엔(小石川後楽園)을 만든 2대 번주 토쿠가와 미츠쿠니(徳川光圀)가 만든 또 하나의 독특한 작품이다.

에도 시대를 대표하는 영주의 다이묘(大名) 정원이다. 해수의 간만의 차에 의해 연못 경관의 변화를 추구하며, 바다와 접한 정원에서 일반적으로 활용된 시오이리노이케(潮入の池)이다. 이 기법은 큐시바리큐온시정원과 동일하지만, 이러한 연못은 2곳 조성돼 있고 현재도 해수를 활용하고 있다. 현재 해수를 사용하고 있는 곳은 동경도 내에서는 이곳이 유일하다.

이 정원은 연못과 오리사냥터(鴨場)로 구성된 남정(南庭)과 메이지시대 이후에 조성된 북정(北庭)으로 구별된다.

원래 이곳은 1644년까지는 장군가의 매 사냥터로서 갈대밭이었다. 에도막부를 연 도쿠가와 이에야스를 이어서 4대장군이 된 토쿠가와 이에쯔나(德川家綱)의 동생 토쿠가와 츠나시게(德川綱重)에 의해 이곳에 처음으로 정원이 만들어졌다.

1654년에 츠나시게는 장군으로부터 바다를 메워 별장을 만드는 것을 허가받았다. 그 후, 츠나시게의 아들이 6대 장군이 된 것을 계기로 이곳은 장군가의 별장이 됐고 명칭도 하마고텐(浜御殿)으로 바꾸었다. 그 후, 역대 장군에 의해 몇 번인가 개수공사가 있었으며, 11대 장군 토쿠가와 이에나리(德川家斉) 시대에 거의 지금 모습의 정원이 완성됐다.

메이지유신 이후, 황실의 이궁이 됐으며, 1923년 관동대지진 때 주요 건물이 소실되는 등 많은 피해를 입었다. 1945년에 도쿄도에 하사돼 1946년에 유로로 공개됐다. 1948년에 국가 지정 명승 및 사적이 됐고, 1952년에는 특별명승 및 특별사적으로 지정됐다. 도쿄에 만들어진 일반정원과 다르게 독특한 구성과 시설물들도 특색이 있다. 하마리큐온시정원의 특징을 정리했다.

시오이리노이케(潮入の池)

동경도 내에서 유일한 해수를 이용하는 연못이다. 동경만의 수위에 따라 수문을 개폐하고 연못의 수량을 조정하고 있으며, 해수어가 서식하고 있고, 갈매기도 날아든다.

오츠타이 다리와 나카지마 다실(お伝い橋と中島の御茶屋)

오츠타이바시는 연못과 나카지마(中島)을 연결하는 118m의 긴 다리다. 나카지마에는 나카지마 다실(中島の御茶屋)가 있어 수면에 비친 다리와 다실의 모습은 뛰어난 경관을 자랑한다. 원래, 다실은 전망하기 좋은 곳으로 바다 건너편의 치바현을 조망하거나 달구경 할 때 이용됐다고 전해진다. 현재의 다실은 1983년 재건된 것이다.

300백년 소나무

6대 장군 토쿠가와 이에노부(徳川家宣)가 정원을 크게 개수(改

修)할 당시, 그 위업을 찬양하기 위해 심은 소나무이다.

오리사냥터(鴨場)

오리사냥터는 2곳이 있는데, 각각 1778년과 1797년에 조성됐다. 연못과 숲을 약3m 정도의 제방으로 두르고, 제방에는 상록수나 대나무 등을 밀식하여 오리가 안심하고 쉴 수 있게 외부와 차단했다. 몇 곳의 좁은 수로를 만들고 작은 구멍에서 오리의 모습을 보면서, 먹이나 후림새로 좁은 수로로 유인하여 사냥했다고 한다.

7) 아다치(足立) 미술관의 정원

1970년 가을 실업가인 아다치 젠코(足立全康, 1899년~1990년)가 개관한 개인 미술관과 정원이다.

일본에는 공개된 유명한 정원이 900여개 가까이 있다고 하는데 시마네 현 야스기시에 위치한 아다치미술관의 정원은 일본에서는 매년 최고의 정원으로 선정되는 것은 물론 미국 전문지 '저널 오브제페니즈 가덴'에 2003년부터 연속 넘버원으로 선정된 아름다운 정원이다. 5만평에 이르는 광대한 면적에 꾸며진 정원은 6개의 정원으로 나뉘어져 있고, 설립자인 아다치 젠코가 92세의 나이로 죽기 전까지 몸소 일본 전역에 식재된 소나무와 돌 등을 수집하여 만들었다.

한국, 중국 정원뿐만 아니라 일본정원의 대표적인 정원기법 중 하나인 정원 밖의 산과 나무 등 자연물을 정원 풍경의 배경으로 사용하는 차경(借景) 수법을 사용해서 빼어난 조형미를 자랑한다. 구학 폭포 높이 15m의 폭포 위에서 떨어지는 시원스러운 물줄기의 장관은 정원 너머에서 볼 수 있는데 멀리 보이는 산까지 정원의 배경으로 이용했고, 이를 위해 미술관에서 뒷산을 모두 사들였다고 한다.

"정원 또한 한 폭의 그림이 될 수 있다"라고 하는 아다치젠코

가 정원 가꾸기에 대한 열정을 그대로 전해주는 이 미술관은, 건물의 창을 액자처럼 꾸며 방 안에서 그림을 감상하듯 정원을 감상할 수 있는 곳으로 사계절의 정원 풍경과 함께 명화의 깊은 맛을 느낄 수 있는 곳이다. 미술관은 사진촬영 금지라서 정원만 카메라에 담을 수 있는데 정원도 직접 거닐면서 즐기지 못하고, 거의 유리창을 통해서만 볼 수 있어서 아쉬움이 컸다.

창문 자체가 '살아있는 액자'로 창문 너머 보이는 정원은 마치 림파(일본화의 종류)의 병풍을 떠올리듯, 한 폭의 그림과 같이 느낄 수밖에 없었다. 아다치 미술관은 창설자에 이어서 현재 3대째 손자가 운영하며, 미술관은 한마디로 명원과 명화가 만들어 내는 하나의 예술 작품, 아다치의 사상과 아름다운 정원에 대한 그의 열정을 1만 3,000여평의 정원에서 느낄 수 있다.

봄은 영산홍, 여름은 신록, 가을은 단풍, 그리고 겨울은 설경, 이렇게 4계절 어느 때나 아름다운 자연의 변화를 즐길 수 있다.

아다치 미술관은 질과 양에서 일본 제일의 화가로 알려진 요코야마 다이칸(横山大観)의 작품을 130여점 가까이 소장하고 있다. 이외에도 근대 일본 화단의 거장이라 할 수 있는 화가들의 작품을 다수 소장하고 있다. 이곳은 시마네 현의 외국인 관광객 할인 제도에 의해서 여권을 제시하면 50% 할인을 받을 수 있다.

8) 도쿄 공원

도쿄공원은 작가 쇼지 유키야 장편소설이다. 한국어 번역판이 있다. 미우라 하루마가 주연하고 아오야마 신지 감독이 메가폰을 잡은 동명의 영화도 나왔다.

무엇보다 연중 언제든 공원을 거닐 수 있다는 게 도쿄공원의 매력이다. 가족사진을 찍는 취미를 갖고 있는 사람들에게도 도쿄공원은 최적의 장소다. 휴일에 아버지와 아이들이 함께 운동하거나 노는 모습을 쉽게 볼 수 있다.

"점심시간에는 회사원들이 많았다. 벤치에 누워 있는 사람도 있었고 간혹 깊이 곯아떨어진 사람도 있다. 나(게이지)는 히쓰시마씨로부터 연못 앞에서 아이를 데리고 공원에 나가는 자신의 아내 유리카를 미행하면서 몰래 사진을 찍어주어달라는 요청을 받았다." "아내 유리카씨는 대개 날씨가 맑고 포근한 날에 공원에 간다. 오늘도 어느 공원에 간다고 남편의 휴대전화에 문자 메시지를 보냈다. 히쓰시마씨는 문자가 도착하면 그 내용을 곧바로 내 휴대전화에 전송한다. 그러면 나는 카메라를 메고 그 공원으로 달려가 유리카씨를 미행하며 사진을 찍는다."

소설 도쿄공원의 이야기는 히비야 공원에서 시작된다. 도쿄에 있는 여러 공원들의 아름다운 모습을 소설을 통해 간접적으로 볼 수 있다. 게이지가 찍은 사진을 통해 독자들도 공원 풍경을 머릿속으로 그려볼 수 있다. 도쿄에 있는 공원들의 특징은 다음과 같다.

- 기누타 공원= 전에 골프장이었기 때문에 어느 공원에 비해 상당히 넓은 편이다. 탁 트인 분위기여서 가족단위로 많이 찾아온다.

- 센조쿠이케 공원= 벚꽃이 한창일 때 사람들로 북적인다. 사이고 다카모리같은 역사적인 인물의 묘지와 비석도 찾을 수 있다.

- 세타카야 공원= 미니 증기 기관차가 있으며 작은 증기 기관차를 직접 타볼 수도 있다.

- 와다보리 공원= 노란 모자를 쓴 초등학생들이 소풍을 가는 동물원이 있다.

- 교센 공원= 자연동물원, 너구리판다, 펭귄, 원숭이 등 여러 종류의 동물이 있다.

- 지다유보리 공원= 신기하게도 옛날 민가와 논이 그대로 보존돼 있다. 시냇물까지 흐르고 있어 시골에 놀러 간 기분을 느낀다.

• 이노카시라(온시) 공원= 벚꽃놀이 기간에만 인파가 북적일 뿐 평소에는 조용한 분위기다. 동물원과 수족관이 있다.

"바람을 피운다거나 남편에게서 멀어지려는 게 아니었어요. 사모님은 히쓰시마씨가 와 주기를 줄곧 기다리고 있었어요." 소설 도쿄공원에서 게이지는 히쓰시마에게 이렇게 말한다. 소설은 게이지가 히쓰시마씨와 두 모녀가 5미터 거리를 두고 걸어가는 모습을 바라보는 장면으로 끝맺는다.

도쿄공원은 에도, 메이지 시대의 산물이다. 에도 시대 다이묘의 정원은 회유식 정원이다. 부지 내에는 차를 마시는 다정이 있다. 도쿄공원에는 작은 산과 계곡이 있다. 공원길을 따라 가다보면 정원 전체를 감상할 수 있는 회유식 정원이다. 가쯔라 리큐, 슈카쿠인, 리쯔린 정원 등 현재의 대부분 회유식 정원은 연못을 중심으로 그 주변을 돌거나 연못을 건넜다가 되돌아오며 정원을 감상할 수 있는 방식으로 건축됐다. 연못에는 섬이 있고, 폭포, 석등, 담장 등도 설치돼 있다.

9) 코이시카와 코라쿠엔(小石川後楽園)

코이시카와 코라쿠엔은 일본 도쿄도 분쿄구(東京都文京区後楽一丁目)에 위치한다. 에도 시대(江戸時代) 정원으로, 정원둘레를 거니며 정원을 감상할 수 있는 구조로 만들어졌다. 산과 물로 구성돼 있고 면적은 약 7만m^2이며, 일본 국가지정 특별사적 및 특별명승이다. 정원을 만든 사람은 토쿠가와 미츠쿠니(德川光圀)이다.

에도 시대 초기인 1629년, 미토도쿠가와 가문(水戸德川家)의 선조인 토쿠가와 요리후사(德川頼房)가 비상시를 대비해 만든 나카야시키(中屋敷)이다. 에도 시대 다이묘(大名)들은 카미야시키(上屋敷)를 방어하기 위해 시모야시키(下屋敷)와 함께 나카야시키를 만들었는데, 코이시카와 코라쿠엔은 2대 번주인 토쿠가와 미츠쿠니(德川光圀) 대에 완성됐다.

미츠쿠니는 정원을 조성할 때, 명나라 유학자 주순수(朱舜水)의 의견을 받아들여, 당시 이 공원의 이름을 후락원(後楽園)이라고 지었다. 후락원은 '선비는 세상 근심에 앞서서 걱정하고, 세상의 기쁨은 후에 즐긴다(士はまさに) 天下の憂いに先だって憂い、天下の楽しみに後れて楽し む)'라는 뜻이 담겨 있다.

정원은 연못을 중심으로 한 회유식 정원 양식으로 되어 있다.

곳곳에 중국 명소의 이름을 붙이는 등 중국적 취향이 풍부하다. 또한 각지의 명승을 모방해 만든 호수, 산, 강 등을 볼 수 있다. 이곳은 소석천 대지(小石川台地)의 앞부분으로 칸다상수(神田上水)를 끌어 정원을 만들었다. 또한 미츠쿠니의 유교사상 영향 하에 조성되어, 밝고 개방적인 리쿠기에(六義園)와 대조를 보인다.

이 정원은 1972년 3월 문화재보호법에 의해 특별사적 및 특별 명승으로 지정됐다. 도쿄도 내에 특별사적과 특별명승이 함께 지정된 곳은 도립정원 하마리큐온 시정원(浜離宮恩賜庭園)과 이곳 2곳뿐이며, 일본 전국에서는 총 9곳이다.

이 정원은 공간 구성면에서도 특성이 잘 표현된 유명한 정원이다. 다이센스이(대천수, 大泉水) 즉 연못이 정원의 중심에 있다. 봉래도(蓬萊島)와 대덕사석(德大寺石)을 배치해, 비와코(琵琶湖)를

표현한 경치를 만든 것이다. 초기에는 연못에서 뱃놀이를 했다고 전해진다.

또 소여산(小廬山) 일면이 벼과 여러해살이 풀인 아구세로 식재된 둥근 형태의 축산이 특징이다. 이 모습은 그 형태가 중국의 유명한 여산(廬山)의 모습을 닮아서 에도 시대 유학자 하야시 라잔(林羅山)은 소여산으로 이름 붙였다고 한다. 산 정상에서 정원을 조망할 수 있다.

원래 이곳에는 수령이 100년을 넘은 수양벚나무가 있었다. 현재 가장 오래 된 수양벚나무 나이는 60년을 넘었다고 전해진다. 오이가와(大堰川)는 이 정원의 하천 경치를 대표하는 장소로서, 명칭은 쿄토 아라시야마(嵐山)를 흐르는 오이가와에서 유래했다. 예전에는 카다상류에서 수차로 물을 퍼 올려 흐르게 했다.

토쿠진도(得仁堂)는 미츠쿠니가 18세 때, 사기 '백이숙제(伯夷叔弟)를 읽고 감명을 받아, 백이, 숙제의 목상을 안치한 곳이다. 득인당이란 명칭은 공자가 백이, 숙제를 평가하여 어짐을 구하고 어짐을 얻는다는 구인득인(求仁得仁)이라는 말에서 유래한다.

엔게츠교(円月橋)는 미츠쿠니가 극진히 접대한 명나라의 유학자 수준수가 설계했다고 전해지는 석교이다. 수면에 비친 모습과 다리를 합하면 만월처럼 보이기 때문에 원월교라고 이름 지었다. 나이테이(内庭)은 미토번(水戸藩) 서원의 정원이 있었던 곳으로, 예전에는 카라몬(唐門)을 사이에 두고 대천수가 있는 후원과 구분됐다. 에도 시대에 우치노교테이(うちの御庭)로 불렸다.

연못을 중심으로 한 일본식 정원으로 옛 모습을 그대로 간직하고 있다고 전해진다. 그 외 석등, 다리, 디딤돌 등이 잘 갖추어져 있다.

10) 료안지(龍安寺) 가레산스이(枯山水) 정원

5월은 부처님 오신 날 행사가 있는 달이다. 이 때에 동북아 지역 불교신앙의 중심인 선종(禪宗) 사찰정원으로 떠나보는 것도 큰 의미가 있을 것 같다.

일본의 선종은 중국 송(宋)과의 교역으로 전래되어 가마쿠라 시대에 정착했다. 선종 수행을 통해서 자기 내면에 있는 부처를 발견하여 깨달음에 이르는 것을 가장 큰 목적으로 한다. 료안지(龍安寺)는 일본 교토부(京都府) 남부에 있는 선종 사찰이다.

1450년 무로마치 막부의 무사 호소카와 가쓰모토가 이곳에 살던 귀족 후지와라의 별장을 개조하여 만든 성종 임제종(臨濟宗) 사찰이다. 돌과 모래만으로 이루어진 정원이 매우 유명한데 이러한 가레산스이(枯山水) 정원은 15세기에 선종 전파를 위해 만들었다. 일반 정원에서 볼 수 있는 물, 나무는 전혀 찾아볼 수 없고 모래위에 풀 한 포기없이 흰자갈, 이끼, 돌만 있다.

가레산스이(枯山水)는 물을 이용하지 않는 정원을 말한다. 바닷가나 강변의 풍경은 일본 정원의 일관된 모티브지만 가레산스이는 물을 사용하지 않으면서 이러한 수경을 표현하는 정원 양식이다.

료안지는 물결무늬의 흰 모래 위에 15개의 돌을 배치했다. 이 돌들은 어느 방향에서나 전체가 다 드러나지 않는다.

흰 모래 위에 크고 작은 자연석을 세워 조합하면 하나의 관념의 세계가 태어난다. 산봉우리에서 폭포가 떨어져 계곡을 이루며, 커다란 강에 합류하여 바다에 다다른다. 이러한 바다에 떠 있는 섬들 하나하나가 바로 불국토가 된다. 선승들은 이러한 자연과 대면하면서 자신의 존재를 명상한다. 보이지 않는 것 속에서 보고, 들리지 않는 것을 들으며, 자기 존재를 부정하면서 자신을 세우는 선종의 이념이 곧 돌덩어리에 불과한 경물(景物)들을 가레산스이(枯山水)로 받아들이게 하는 것이다.

가레산스이 정원을 찾는 관람객도 수행하는 선승처럼, 자기 존재를 부정하면서 자신을 세우는 깨달음의 경지로 이끌리게 되는 것 같다. 가레산스이는 한국, 중국 사찰에서는 볼 수 없는 일본만의 독특한 정원양식이다.

11) 덴류지(天龍寺) 정원

일본 쿄토에 있는 덴류지 정원은 주지승의 거처인 다이호조(大方丈) 후면에서 거대한 파노라마를 이룬다. 서쪽의 다이호조에서 정원을 바라보면, 나라 시대부터 노래했던 명승지 아라시야마(嵐山)의 봉우리들이 정원 뒤로 이어지고, 우아한 곡선을 그리는 조원지(曹源池) 연못은 깊은 심산에서 솟아나는 물로 채워진 듯 하늘이 그대로 담겨져 있다.

작은 언덕에 세워진 험준한 석조(石組)폭포는 용문폭(龍門瀑)이며 폭포를 거슬러 올라가는 잉어가 하늘에 올라 용이 된다고 하는 중국의 등용문(登龍門) 전설에 근거했고, 용은 깨달음을 얻은 부처에 대한 비유다. 그 옆에 이어지는 평평한 돌다리는 수행자들이 깊은 산으로 막 들어서려는 오솔길의 분위기를 연출한다. 또 북문을 나서면 왼편에 200m 이어지는 대나무 숲 산책길이 운치 있다.

가마쿠라 막부를 멸망시킨 고다이고 천황이후 무로마치 막부가 수립되고, 고다이고 천황이 천황위의 정당성을 주장하며 쿄토 조정과 대치한 약 60년간의 남북조시대가 이어진다.

덴류지는 무소 소세키(夢窓疎石)의 주청으로 고다이고 천황의 진혼을 위하고 천황이 유년시절을 보낸 아라시야마에 겐초지 영향의 선종사원 가람배치와 정토정원을 교묘하게 만든 가람으로 독창성이 높다.

헤이안 시대 후기 정토(淨土)신앙이 유행해서, 당시의 귀족들은 어당(御堂)을 짓고 그 앞에 장엄을 위한 연못을 만들어 정토에서 극락왕생을 기원했다. 이 정토정원은 쿄토뿐만 아니라 전국 각지로 퍼져 나갔다.

덴류지를 처음 세운 소세키는 작정(作庭)에 뛰어난 선승이었다. 소세키의 인생 전반부는 속세로부터 벗어나 산속에서 수행했고, 각지에 수행 장소로 적합한 정원을 만들었다. 단순한 정원이 아니라 주위의 자연을 포함한 하나의 종교적 세계였다.

덴류지 정원에는 깊은 산과 산속에 있는 마을, 계류, 폭포, 물가 등 대자연의 모습이 표현되어 있고, 이곳의 동식물들 삶과 의미가 모두 귀중하게 느껴진다. 이 정원 속에서, 우리는 대자연과 함께 살아가는 존재임을 절실히 느끼게 된다. 이 느낌은 곧 무소 소세키가 깨닫고 표현하고자 했던 선(禪)의 진수이며 덴류지 정원을 만든 목적이라고 할 수 있다.

12) 엔츠지(圓通寺) 정원과 차경

쿄토시 좌경에 있는 엔츠지(圓通寺)는 17세기 초기 고미즈노오(後水尾) 천황 산장에 있던 어전이며 황실의 기도장소다. 고미즈노오(後水尾) 천황은 에도(江戸) 초기의 천황으로 생전에 천황위를 양위하고 천황을 보좌한 상황인 치천(治天)의 군(君)이다.

엔츠지 정원은 고산수 정원으로 일본 명승에 지정돼 있다. 마당에 이끼를 깔고 전정된 나무들, 크고 작은 40여개의 돌을 배치했다. 특히 전정된 키 큰 교목이 액자틀이 되어서 그 뒤로 조망되는 히에이산(比叡山)의 장엄한 풍경을 담아볼 수 있는 아름다운 정원이다.

이 액자틀 안에서 볼 수 있는 풍경을 중국에서는 광경(框景)이라 하여 문틀, 창틀 안에서 건너편 풍경을 볼 수 있고, 흔히 자주 사용되고 있는 정원기법이다.

고미즈노오 천황의 고요제이 상황(上皇)은 가장 히에이산 조망이 좋은 곳을 구하여 번지(幡枝)에 산장을 지었고, 쿄토의 슈가쿠인 수학원리궁(修学院離宮)도 17세기 중엽에 고미즈노오 상황 지시로 조영된 이궁(離宮)이다.

차경에는 올려다보거나 내려다보거나 가까운 곳이나 먼 곳 등의 경치를 끌어들이는 기법들이 있다. 엔츠지의 히에이산 차경은 멀리 있는 히에이산의 경치를 끌어들여 절 내부의 기도처에

서 볼 수 있도록 차경 대상으로 삼았다.

동북아 전통정원에서는 차경기법이 많이 사용되었고, 엔츠지의 히에이산 아름다운 차경은 특히 유명하다. 현재 고층 맨션건설 등 급속하게 진행하는 도시개발에 의해서 이 귀중한 차경들이 훼손되는 것을 방지하기 위해서, 쿄토시는 엔츠지정원 등 차경보호를 위한 조망조례(쿄토시 조망경관창생조례)를 만들었다. 이 조례에 따라서 엔츠지의 경우 주변구역은 높이뿐만 아니라 건물기단형식 등까지도 제한받고 있다.

현재 이러한 차경훼손을 막기 위한 조망권을 보호하는 추세는 세계 각국에서 적극적으로 시행되고 있다. 차경을 이용한 현대 건축설계도 활발하며, 특히 세계적인 일본 현대 건축가 안도 다다오는 그의 작품에서 일본 전통 차경기법을 도입한 건축표현으로 명성이 드높다.

13) 일본 동북지방 겨울 풍경

일본에서 눈이 많이 오는 고장이나 그 지방을 설국(雪國)이라 한다. 가와바타 야스나리(川端康成)의 소설 <설국>은 노벨상을 수상했다. <설국>의 서두는 이렇게 시작된다. "국경의 긴 터널을 빠져나오자, 눈의 고장이었다. 밤의 밑바닥이 하얘졌다."

일본 동북지방엔 겨울에 눈이 많이 온다. 후쿠시마 현 아이즈와카마쓰 시에 있는 쓰루가(두루미) 성 주변에는 아이즈를 지배하던 번주의 화려했던 역사가 생생하게 남아있다. 도호쿠 최대 규모 무사저택은 박물관(아이즈부케야시키)이 되었고 번주의 정원은 약용식물을 재배하는 오야쿠엔(御藥園)이 됐다.

♣ 코이시가와 어약원(御藥園)

도쿄 인근에 있는 가장 오랜 역사를 자랑하는 대학식물원은 도쿄(東京)대학 대학원 이학계 연구과 부속 식물원이다. 통칭 '코이시가와(小石川)식물원'은 1877년 새로 개원됐다. 원래 에도 시대(江戶時代), 당시의 정부 당국인 막부(幕府)에 의해 1684년에 개원(開園)된 '코이시가와 어약원(御藥園)'이다. '코이시가와(小石川)식물원'은 인근에 있는 명원(名園)으로 알려진 고이시카와 고라쿠엔(小石川 後樂園)과는 달리 비교적 한적하고 산책하기 좋은 곳이다.

효코(瓢湖)는 백조의 도래지로 일본전국에서 유명하다. 소화(昭和) 29년 吉川重三郎 씨가 일본에서 처음 야생의 백조를 이곳에 먹이로 유인해서 주목을 끌었다. 그 후 국가 천연기념물로

♣ 백조의 도래지 효코

지정됐다. 백조는 매년 10월 상순에 제1진이 날아오고, 3월 하순까지 머물러 있다. 11월 하순경 피크 때는 5,000마리 이상이 날아온다.

시즌 중에 매일 9시, 11시, 15시의 1일 3회 먹이로 유인한다. 효코 물새에게 주는 먹이는 阿賀野시 관광협회에서 공인한 먹이라야 한다. 이곳은 람사르 보호구역이다. 람사르 조약(Ramsar Convention, 국제습지보호협약)은 1971년 2월2일 이란의 람사르에서 열린 국제회의 때 채택되어 1975년 12월에 발효됐다.

람사르 협약은 국경을 초월해 이동하는 물새를 국제자원으로 규정하며 서식지로 가입국의 습지를 보전하는 정책을 이행할 것을 의무화하고 있고, 습지를 바닷물 또는 민물의 간조 시 수심이 6m를 초과하지 않는 늪과 못 등의 소택지와 갯벌로 정의하고 있다.

14) 리쿠기엔(六義園)

일본 도쿄도 분쿄구(東京都文京区本駒込六丁目)에 있는 리쿠기엔(六義園)은 산과 연못으로 구성된 회유식 정원(回遊式築山泉水庭園)이다. 에도 시대(江戸時代) 야나기자와 요시야스(柳沢吉保)에 의해 만들어진 이 정원의 면적은 87,809.41m² 이고, 국가지정 특별명승지다.

리쿠기엔은 조성 당시부터 코이시카와코라쿠엔과 함께 에도 2대 정원으로 유명했다. 1695년 에도막부 제5대 쇼군인 토쿠가와 츠나요시(徳川綱吉)로부터 받은 부지에 야나기자와 요시야스(柳沢吉保1658년~1714년)가 직접 설계해, 평단지에 연못을 파고, 산을 쌓는 등 7년의 세월에 걸쳐 만들었다. 요시야스는 에도 시대 전기 때 대대로 주군을 모시며 그 가문의 정치에도 관여해 왔다. 리쿠기엔은 요시야스의 문학 조예의 깊이가 반영된 섬세하며 온화한 일본 정원이다.

정원의 명칭은 중국의 13경 하나인 '모시(毛詩); 시경(詩經)' 의 시의 육의(六義)에 나오는 風(풍), 賦(부), 比(비), 興(흥), 雅(아), 頌(송) 분류법을 키노 츠라유키(紀貫之)가 전용한 일본 시 즉 와카(和歌)의 육체(六体)에서 유래했다.

다이고천황의 명에 의해 최초의 천황의 명령으로 편찬한 와카

집인 「고금 와카슈」(古今和歌集)가 키노 츠라유키(紀貫之) 등에 의해 편찬됐다. 와카는 궁정이나 귀족의 연회의 주역이 됐다. 고금 와카슈(古今和歌集)는 첫 번째 시집으로 천황의 명으로 키노 츠라유키(紀貫之), 키노 토모노리(紀友則), 오오시코우치노 미츠네(凡河内躬恒), 미부노 타다미네(壬生 忠岑)가 엮었고, 905년 또는 914년 완성했다. 6가선(歌仙)과 엮은 이들의 시 약 1,100수를 싣고 있다.

> "ひさかたの 光のどけき 春の 日に しづ 心なく 花の 散るらむ(紀友則 · 古今集84), **따스한 봄볕에 팔랑팔랑 꽃잎은 바삐 지는구나**"

이 시는 「百人一首」에 실린 토모노리(友則)의 대표작으로 보기도 한다.「古今和歌集」을 대표하는 봄의 정취를 노래한 시라고 한다. 매우 느긋하며 속세에 괴로움이 없는 헤이안 시대의 분위기를 상징하는 시이다.

百人一首(小倉百人一首)는 후지와라노 테이카(藤原定家)라는 카마쿠라 전기의 시인이 우츠노미야 요리츠나(宇都宮頼綱)라는 무장이자 시인의 의뢰로 유명한 시인 100명의 시 1수씩을 모아 엮은 시집이다. 정원은 중도를 가진 큰 연못을 수목으로 둘러쌓고, 오늘날 와카야마현 바다의 경치나 와카에서 불리는 명승의 경관이 팔십팔경(八十八景)으로 반영되며 리쿠기엔 팔십팔경이 유명하다.

메이지시대에는 미쓰비시재벌의 창업자인 이와사키 야타로우(岩崎弥太郎)의 소유였으며, 1938년 도쿄시(현 동경도)에 기부돼 일반인들에게도 공개됐다. 1953년 3월에 국가 특별명승으로 지정됐다.

주요 공간의 특성

- 수양벚나무: 정원 중심부에 들어가기 위해 우치니와 대문(内庭大門)을 통과하면 수양벚나무가 식재되어 있다. 떨어지는 폭포를 방불케 하는 모습이 압권이다.

- 데시오노미나토(出汐湊): 큰 연못 가장자리의 한 곳으로 조망 경관이 뛰어난 곳이다. 오른쪽에는 중도, 왼쪽에는 봉래섬, 그리고 건너편 호안에는 일본의 3대 사구(砂丘)에 해당하는 후케아게하마(吹上浜)가 보인다.

- 이모야마(妹山)/세야마(背山): 중도에 있는 축산이다. 일본에서는 예로부터 여성을 이모(妹), 남성을 세(背)라고 했으며, 이 중도는 남녀관계를 표현한 것이다.

- 쯔쯔지차야(진달래, 茶屋): 이와사키씨가 이곳을 소유하던 메이시시대에 진달래 고목재를 이용하여 지은 정자(아즈마야, 四阿)이다. 지금까지 그 희소한 모습이 전해지고 있다. 11월 하순에는 단풍나무와 함께 멋진 경관을 연출한다.

- 사사키의 길(거미의 道): 사사키란 거미의 옛 표현이다. 길이 매우 협소하여 거미줄과 같다하여 붙여진 이름이다.

- 타키미노차야(滝見茶屋): 우거진 수목 사이를 계류가 흐르고, 바위 사이에서 물안개가 피어오르는 모습을 볼 수 있는 정자이다. 정숙한 경치와 흘러 떨어지는 물소리를 즐길 수 있다. 이 폭포는 이전에 센가와상류(千川上水)의 물을 끌어다 사용했으나, 지하철공사로 단수되어 현재는 우물물을 사용하여 유지하고 있다.

- 도바시(土橋): 치도리(千鳥) · 하쿠오(白鷗) · 산잉(山陰) · 후지나미(藤浪) 등으로 불리우는 정원 내의 4곳의 다리이다. 기와 사이에 심겨진 여름풀이 은은한 정취를 연출하고 있다.

- 토케츠쿄(渡月橋): 이름은 와카(和歌)에서 유래했으며, 2개의 큰 바위가 중량감 있는 분위기를 연출하고 있다.

15) 가쓰라리큐(桂離宮)

일본의 16세기는 모모야마 시대, 17~19세기는 에도 시대다. 오다 노부나가(織田信長)로부터 시작되어 도요토미 히데요시(豊臣秀吉)에 계승되어 꽃피는 모모야마 시대는 건축·회화·조각 공예·정원 등에 독창적인 문화를 창출했다. 에도 시대 초기까지 지속됐다.

에도 시대 초기는 왕조풍이라고 하는 헤이안 시대 이후의 전통적 연못 정원(池庭), 호화찬란한 모모야마식 연못중심의 정원(池庭)과 가레산스이(枯山水), 그리고 수행처인 선원(禪院)에서 발달하는 고담한 가레산스이정원(枯山水庭), 맨땅(露地)으로부터 시작되어 지방의 영주(번주)인 다이묘의 접객공간인 쇼인즈쿠리(書院造) 정원에 영향을 미치게 되는 차 마시는 정원(茶庭) 등이 다양하게 공존한 시대이며, 기술적으로도 뛰어나다. 또 이 양식들을 종합 집대성한 정원으로 거닐면서 즐기는 '카유시키(廻遊式) 정원'도 탄생하게 된다. 그 대표적인 곳이 쿄토의 가쓰라리큐(桂離宮)다.

에도 시대에 새롭게 태어난 정원양식이 회유식(廻遊式) 정원이다. 슈카쿠인 리큐(修学院 離宮) 등 이 시기에 쿄토에는 수많은 명원들이 계속해서 세워졌지만, 에도나 각지에도 다이묘에 의해 아름다운 정원이 만들어진다. 특히 다이묘의 강호옥부(江戸屋敷,

에도의 임시 거주지)나 영지에 있는 지정(池庭)은 대부분 회유식 정원이다.

다이묘 정원에서는 특히 참근교대(参勤交代, 다이묘가 일정 기간 에도에 올라와 머무는 제도)에 따라, 쿄토에서 에도로 이어지는 동해도 53차 역참(東海道 五十三次) 길은 전국의 다이묘에게 친숙한 풍경이 되었다. 명승을 정원에 옮겨놓는 것은 헤이안 시대에 발달했고, 경험했던 인상적인 풍경을 자신의 정원에 축소해서 만든 축경(縮景)이 발달했다.

산악은 자연의 상징적 존재며 정원에 적극적으로 도입되었지만, 특정의 산악 조형과 연결된 것은 에도 시대의 다이묘 정원부터며, 그 대부분이 후지산(富士山)이었다. 또 용정산(竜田山)의 단풍나무, 미호노(三保)의 소나무 등 명소에 근거하여 특정 식물을 정원에 심고 그 식물에 의해 연상되는 정취를 즐기는 수법도 발달하게 된다.

가쓰라리큐(桂離宮) 정원은 도시히토 친왕(智仁親王)이 가쓰라가와(桂川)의 서안에 조영한 별장이다. 전통적인 요소를 통합한 대표적인 회유식 정원이다. 3채의 쇼인즈쿠리(書院造) 건축을 기러기형으로 배치하고, 전면에 펼쳐지는 연못 주위에는 송금정(松琴亭)·상화정(賞花亭)·소의헌(笑意軒) 등의 다정(茶亭)과 흙을 쌓고 돌담을 쌓아 그 위에 월파루(月波楼)를 짓고 떠오르는 달을 즐기는 정원건축을 배치했다.

이들을 배나 정원 길로 연결하고, 축산, 섬, 입강(入江), 스하마(州浜) 등 다양한 경관을 만들었다. 원화(元和) 6년(1620년)부터 시작하여 후지와라 씨의 계전(桂殿)이나 백낙천(白樂天)의 <지정기(池亭記)>에 근거하여 도시히토 친왕이 구상하고, 모노가다리 <원씨물어(源氏物語)>의 경관을 모방하여 고서원(古書院)의 전면에 펼쳐지는 연못정원(池庭)을 만들었다. 2차에는 2대 도시타다 친왕이 중서원(中書院)을 증축하고 정원도 확장했으며 연못에도 새롭게 섬을 쌓았다.

또한 첩석(畳石, 넓은 바닥 돌), 연단(延段, 통로 바닥에 까는 바닥 돌), 징검돌(飛石)에 보이는 직선적인 디자인, 연못 주변의 호안에 사용되는 가공석 등이 사용됐다. 8대 야카히토(家仁親王)와 소화(昭和) 51년부터는 대대적으로 수리·정비됐다.

3장

한중일 정원에서 찾은 대표적인 트렌드

- 전통정원의 현대적 재해석 -

1. 모던 정원, 선(禪)의 정원

모든 것을 손에 넣은 이들이 바란 것은
'아무 것도 없는 공간의 편안함'

오가와 지헤이(小川治兵衛, 1860~1933)는 근대 모던 ZEN정원의 창시자이다. 쿄토의 무린암, 마루야마공원 등이 대표작이다.

♣ 쿄토 무린암, 오가와 지헤이 작, 근대 모던 가레산스이.

시게모리 미레이(重森三玲, 1896~1975)는 20세기에 활약했던 정원가이며 일본의 가레산스이 정원을 모던화했고 전통 일본정원의 '영원한 모던'을 표방했던 독창적인 정원가다. 그는 미술교육을 받았고, 독학으로 끝없는 정원현장조사를 통해서 일본정원을 연구했던, 깨달음을 얻는 경지의 선(禪)을 생활화한 선승(禪僧)이었다.

차, 꽃꽂이, 정원 등 생활예술 중심으로 고전예술을 연구 했고, 칸딘스키, 마티즈 등 아방가르드 전위예술의 영향을 받았다. 40대 이후 200여개의 정원을 만들었다.

그의 석조 중심의 정원은 12세기 정원서인 「사쿠테이키」의 '입석(立石)'에서 영향을 받았고, 지표 디자인에서 이끼, 섬그림자, 스하마(바닥에 잔자갈을 까는 수법)은 칸딘스키 등 전위미술에서 영향 받았으며, 곡선과 곡수(曲水)가 사용됐다.

가쯔라리큐 영향 등 고전을 완전히 파악하고 고전을 심플하게 단순화해서 재해석하여 모던화했고, 입지를 읽고 아방가르드 전위예술을 모토로 동서양 정신을 융합했다. 바닥에 잔디나 관목을 사용해서 격자모양으로 만든 '市松의 정원'도 유명하다.

정원에서 봉래 신선 사상을 컨셉으로 하여, 영원히 늙지 않고 죽지 않는다는 불로불사(不老不死)의 정원 이상을 추구했다. 주변 풍경을 거절했고, 토담에서도 볼 수 있듯이 그의 정원에는 차경이 없다. 단지 대나무 담장 정도만 있을 뿐이다.

특히 대표작으로 토후쿠지(東福寺) 호조(方丈) 핫소 정원(八相庭)이 유명하다, 토후쿠지의 호조는 동서남북 사방이 모두 정원으로 둘러싸여 있는데 이는 일본에서 유일한 것이라 한다. 호조 정원의 이름은 핫소 정원이다. 부처님의 삶에서 일어난 여덟 가지 중요한 사건(八相成道)에 따라 지은 이름이다. 시게모리 미레이가 1939년에 만들었다

호조의 정면에 있는 남쪽 정원은 4개의 정원 중 가장 인공적인 느낌의 작품으로 천국의 섬을 상징하는 4개의 암석 복합물로 구성됐다. 동쪽에서 서쪽으로 돌아가며 에이주, 호라이, 코료, 호조라는 이름이 붙여져 있고 모래 정원인 하카이(8개의 거친 바다를 뜻함) 위에 놓여있다. 서쪽의 오른쪽 모퉁이에는 이끼로 뒤덮인

♣ 시게모리가 만든 쿄토 도호쿠지 모던 정원

♣ 야마가타 제생관 정원, 모던 가레산스이

5개의 신성한 산이 있다

시게모리 미레이의 모던 정원에 이어서, 마스노 슌묘(枡野俊明, 1953~)는 선(禪)의 사상과 일본의 전통적인 사고방식을 바탕으로 심플함을 추구하며 정원창작 활동을 하고 있다.

그의 『일상을 심플하게』 책에 의하면, 요 몇 해 사이 선(禪)의 정원을 의뢰하는 유럽과 아시아 사람들이 찾아와서 "아무 것도 없는 정원을 만들어 주세요. 마음이 쉴 수 있도록 아름다운 '선의 정원'을 만들어 주세요"하는 의뢰를 자주 받는다. 모든 것을 갖추고 있는 그들이 마지막에 바라는 게 바로 '아무것도 없는 공간'이다.

아무것도 없는 공간을 만들어내려면 무언가를 둬야만 한다. 정말 아무것도 없는 공간은 그냥 넓은 토지에 지나지 않다. 거기에 무언가를 둬야만 '아무것도 없는 공간'을 느낄 수 있다. '유는 무, 무는 유'가 되는 것이다.

'선의 정원' 디자인은 더 이상 도려낼 수 없는 한계까지 불필요한 것들을 도려내려 간다. 그리고 최종적으로 정원에는 단 몇

♣ 사카타 도모겐 기념관 정원, ZEN정원

개의 돌만이 놓인다. 이것이 선의 정신이며 일본인은 예로부터 그런 감정을 지니고 있었다. 완성된 정원을 보고 그들은 진심으로 감탄한다. "더할 나위 없이 멋진 공간입니다. 왠지 마음이 푸근해지는 풍경이랄까요."

모든 것을 손에 넣은 그들이 바란 것은 '아무 것도 없는 공간의 편안함'이었다.

정원디자이너이자 선승(禪僧)인 마스노 순묘가 선(禪)을 주제로 조성한 정원이 주목을 받으면서 일본 현대정원의 한 흐름을 형성했다.

일본 요코하마에 위치한 겐코지(建功寺)의 주지스님인 마스노 순묘는 20년 전인 1988년에 동경 르포트호텔의 중정에 설치한 세이잔료쿠스이노니와(青山錄水の庭)라는 작품으로 예술선장문부대신(藝術選奬文部大臣)신인상(新人賞)을 받은 것을 필두로 여러 지역에 선의 정원(禪 庭園)을 조성했다.

선의 정원에서 느껴지는 그윽하고 아름다운 자태와 고요하면서 상쾌한 분위기는 선(禪)이 지닌 아름다움이 조화를 이룬 데서 나온다고 한다. 인간관계도 선의 정원처럼 조화가 중요하며 조화를 잃으면 문제가 생긴다며 다음의 일곱 가지 아름다움의 조화를 강조한다.(김부식. 한국조경신문)

첫째, 완벽하지 않아야 아름답다. 선의 세계에서는 완벽하게 균형이 잡힌 상태를 아름답게 보는 것이 아니라 오히려 불균형을 아름답다고 본다. 완성된 상태는 그 다음 단계로 뛰어 넘을 가능성을 잃었기 때문에 어떤 변화도 기대할 수 없기 때문이다.

둘째, 소박하여 질리는 것이 없어야 한다. 선의 정원을 만드는 일 중에 가장 기본은 군더더기를 덜어내는 것이다. 깎고 깎아서 더 이상 깎아 낼 것이 없을 때 비로소 선의 정원이 완성된다. 동양의 수묵화에서 먹의 농담(濃淡)만으로 다양한 색을 표현하듯이 간소한 아름다움이어야 한다.

셋째, 쉽게 흔들리지 않는 고고함이다. 젊은 소나무는 길게 뻗은 가지 위로 싱싱하고 푸른 잎이 무성하고 싱싱하지만 노송에게는 존재 자체만으로도 말할 수 없이 강력한 위엄이 느껴진다. 고고함은 원숙하고 강인한 정취를 지닌 아름다움을 자아낸다.

넷째, 과시하는 마음을 버린다. 선의 정원을 만들 때 자의적인 태도를 버리고 어떻게 해야 이곳을 찾는 사람들이 만족할지 오로지 거기에만 집중하며 만들어야 비로소 자연스러운 정원이 완성된다.

다섯째, 보이지 않는 것을 상상하게 한다. 정원에서 미처 보이지 않는 경관을 상상하도록 유도하는 여백의 공간이 필요하다. 정원을 보는 사람은 여백을 통해 만든 사람이 무엇을 표현하려

했는지 상상을 하게 된다. 그래서 보이는 실물보다 보이지 않는 부분이 더욱 중요하다.

여섯째, 자유로운 아름다움이다. 예로부터 전해오는 관례나 관습처럼 세상에는 일정한 틀이 있지만 선의 정원은 세상이 정한 틀에 얽매이지 않고 자유로워야 한다. 풍경이 자아내는 늠름한 고요함, 탈속의 아름다움이다.

일곱째, 평온한 마음을 유지한다. 사람은 살다보면 아무래도

♣ 요코하마 CIAL 빌딩 6층 옥상에 만든 마스노 묘, 선의 정원

욕심과 집착이 생겨나기 마련인데 선의 정원에서 정신을 모아 집중하면 떠들썩한 도심 한복판에서도 정적을 느끼는 아름다움이 있는 것이 선의 정원이다.

마스노 순묘는 선(禪의) 정원(庭園)을 만들 때마다 마음이 맑아지는 터, 정적을 느낄 수 있는 장소를 만들어 놓는다. 머무르는 이가 가만히 서서 풍경을 바라보며 고민이나 잡념을 훌훌 흘려보내는 마음을 담는다.

캐나다 대사관 선의 정원은 가레산스이(枯山水)식의 바위와 모래로 전통을 현재에 재현하였고, 사무가와신사(寒川神社) 후원의 정원은 물과 수목이 자연스럽게 어우러진 일본식 전통정원의 모던 가든(Morden Garden)인데 바라보고 있으면 선(禪)의 세계로 빠져드는 느낌을 받는다.

교토의 한 정원사는 선의 정원을 관리할 때 흔적이 뻔히 보이게 손질을 하지 않는다. 그저 뻗친 가지나 이파리를 있는 그대로의 모습에 맞춰 다듬을 뿐이다. 자세히 살펴보지 않으면 어디를 다듬었는지 알 수 없을 정도로 아주 능숙하게 손질을 한다고 한다.

2. 산과 물, 산수 자연

한중일, 정원의 고전이 되는 석가산 모던화해

산과 물, 산수는 자연의 주된 구성물이고, 예부터 중국에서 산수의 풍경은 '아름다운 경치' 등 경관을 뜻했다. 한국과 일본에서도 마찬가지 뜻으로 사용됐다. 우리가 정원을 만들 때 땅을 정리하고 먼저 연못을 파고 그 때 나온 흙으로 인공 산인 가산(假山)을 만들고 돌을 더해서 석가산(石假山)을 쌓는다. 이렇게 산수경관을 완성한다. 석가산이라는 말은 중국과 우리가 사용했고 일본에서는 축산(築山)이라 했다.

♣ 중화문화권 싱가폴 식물원 석가산

중국에서는 중국어로 정원을 뜻하는 원림(園林)의 역사가 시작된 이후부터 원림에 석가산이 많이 만들어졌고, 문헌 기록도 많다. 중국 원림사 연구에서 석가산 연구는 단연 으뜸이다. 우리도 '90년대 말부터 필자도 한 몫을 단단히 한 정식으로 시작된 석가산 연구가 있었고 체계적으로 정리됐다. 일본 역시 축산을 예부터 정원 곳곳에 많이 만들고 문헌기록도 많고 연구도 활발하다.

중국 석가산은 당(唐)시대 묘에서 출토된 유물도 있고, 북송대 '간악기(艮岳記)에서 볼 수 있는 기교 넘치는 석가산을 상상해 볼 수 있다. 수조우, 항조우 등 강남지방 수많은 원림에서 석가산을 본 답사객은 꿈속에서도 크고 기묘한 형상의 석가산을 봤다

♣ 중국 베이징 용담공원 석가산

♣ 일본 하우스덴보스 월드가드닝쇼 출품작(2017. 10)

고 실토할 정도로 원림의 중요 구성물은 석가산이다.

일본 정원을 답사할 때도 많은 돌로 배치한 축산들을 만날 수 있다. 우리도 조선시대까지는 선비의 사랑받는 취미 중에서 으뜸이었지만 근대 이후 혼란기에서 망가지고 없어져서 남아있는 것은 손꼽을 정도로 몇 개 안된다.

현대의 정원에서 중국, 한국, 일본은 정원의 고전이 되는 석가산을 모던화했다. 정원뿐만 아니라 공원, 아파트 정원 등 공공장소에서 모던화된 석가산을 자주 만나게 된다. 이들은 다양한 크기, 형태를 보이지만 근본은 돌을 사용해서 자연을 형상화하고 있다. 다원화 시대에 과도한 스트레스에 시달리는 현대 도시인에게 모던화된 석가산은 생기 넘치는 산수자연을 제공하고 있는 것이다.

한 가지 제안이 있는데, 지금까지 통상적으로 쓰인 정원과 원림 용어 통일문제다. 정원(庭園)과 원림(園林) 용어를 고찰해 보면, 중국에서 '놀고 휴식하는 장소'로 일반적으로 사용돼온 원림(園林) 용어는 한국의 경우에 문헌고증 결과, 고려시대와 조선시대에서는 원림 용어는 정원과 같은 뜻으로 '동산의 뜰'로 사용됐다. 고려시대와 조선시대에는 정원(庭園)은 정원 용어(庭園, 庭苑, 庭院) 중에서 가장 많이 사용됐다.

♣ 서울 녹번동 가로변에 만든 석가산

이 시대의 원림과 정원 용어 사용빈도 비교결과에서, 원림은 정원보다 절대적으로 많이 쓰인 익숙했던 용어였던 것이다. 따라서 현재 한국전통조경이나 한국전통정원, 전통원림이 혼재되어 사용하고 있는 표현은 한국전통원림으로 통일돼야 할 것이다.

3. 마당, 뜰

원고 '마당, 뜰'을 쓰려다보니, 어릴 적 소낙비 쏟아질 것 같다며 황급히 뒷마당으로 내려가 빨래를 걷고, 장독대 항아리 뚜껑을 닫던 어머니 모습이 떠오른다. 우리 집 뒷마당 담장 가에는 코스모스가 가득했다. 예부터 마당은 여성이 중심이 된 가족 쉼터였다.

마당은 우리뿐만 아니라 서양, 중국, 일본 등에서 중정(中庭), 뜰로 표현된 담으로 둘러싸인 공간이다.

요즘 정원 열풍이 불고 있다. 정부 각 기관의 지원으로 여러 곳에서 정원박람회 등 행사와 각종 모임이 활발하다. 옛 마을과 집안뿐만 아니라 현재의 각종 건축공간에는 마당이 있고 마당을 꾸미고 있는 정원이 있다.

옛 마을을 한 예로 들자. 마을 어귀에서 장승 솟대가 객을 맞이하고, 옛길을 따라 걸어 들어가면 몇 백년 된 정자목과 정자(누정)을 볼 수 있다. 다음에 나타나는 가옥은 문과 담장으로 둘러싸여있고 집 앞이나 별당 앞에는 연못과 돌로 쌓은 석가산이 놓여있다.

집안 사랑마당에는 연못대신에 석조, 석등이 놓이기도 하고,

안마당에는 우물, 장독대, 채마밭, 각종 꽃나무가 담장가에 심어져있다. 집 후면은 풍수 원리에 따라서 집의 위치를 정했다는 산을 등지고 물을 대한다는 배산임수(背山臨水)로 언덕이 된다. 여기에 여러 층의 층단을 만들어 화계를 만들고 굴뚝이 있고, 모양 좋은 돌을 배치하거나 주로 꽃나무, 작은 과실수를 심었다.

집안 정원에 만들었던 연못, 석가산, 석조, 화계 등은 현대 정원에서도 자주 쓰이고 사랑받는 소재가 됐다.

안마당에 두었던 채마밭은 도시공동 주택마당에서도 인기를 끌었다. 도시농업이 어느새 아파트 마당에 들어와 2017년에는 모 국제조경대회에서 수상을 받기도 했다,

♣ 서울 삼청동 현대미술관 마당에 전시한 '원심림' (2017)

2017년 여름 국립현대미술관 '젊은 건축가 프로그램'에서 '17년 우승작인 양수인의 '원심림 Centreefugal Park'를 만났다. 국립현대미술관은 매년 '쉼터', '그늘', '물'의 세 가지 키워드로 젊은 건축가 작품 공모를 한다. 원심림은 원심력과 원시림을 합성한 말이다. 더운 여름 한시적으로 도심에 세워지는 '팝.압 공원'을 구상했다. 가볍고 경제적이며, 설치가 용이한 친환경적 건축, 간단한 기계장치를 통해 나무 비슷한 모양의 '원심목'이 탄생했다.

원심력을 이용하여 부풀어 올라 펼쳐지는 나무 형태가 여럿 세워져 하나의 숲을 형성한다. 회전하는 속도에 따라서 납작한 우산 형상으로 변하면서 한여름 그늘과 쉼터를 제공한다. 바람, 물, 식물 등으로 가득 찬 공원과 그 안에서 휴식하며 즐길 수 있도록 제안했다. 사이사이에 작은 바위언덕, 모래놀이터, 연못으로 된 '원심림'은 모든 시민들에게 즐거운 여름 공원을 제공하고 있다.

4. 네모난 못, 방지(方池) 방당(方塘)

방당(方塘)이라 부르는 네모 모양의 연못은 중국 남송의 유학자 주자(朱子, 주희(朱熹, 1130년~1200년)의 시 '관서유감(觀書有感)'의 영향으로 우리나라에서 많이 만들었다. 그 시에 "반 이랑의 방당이 거울 하나로 펼쳐지니, 하늘 빛 구름 그림자 그 속에 배회하누나.(半畝方塘一鑑開 天光雲影共徘徊)" 했다.

우리에게 네모난 못은 방당보다는 방지로 익숙하다. 방당이 한자어로 어렵다 생각하기 때문인지 모르겠다. 네모난 못은 유학자들이 반듯하고 곧은 성향을 좋아해서 많이 만들게 됐다고도 한다.

부용지

네모난 못에 둥근 섬을 만드는 방지원도(方池圓島)는 하늘은 둥글고 땅은 네모나다는 천원지방(天圓地方)을 상징한다. 대표적인 연못이 창덕궁 후원에 만들어진 부용지다.

부용지가 있는 공간은 왕실 서고였던 주합루와 과거 시험장이었던 영화당, 서쪽 우물지 4개를 기록한 비각이 있는 사정기비각(四井記碑閣)으로 둘러싸이고 남쪽으로 부용지에 걸쳐 아(亞)자 형태 부용정이 있는 창덕궁 후원공간에서 하이라이트다.

1824~1827년에 그려진 〈동궐도〉를 보면 현재의 모습과 거의 비슷하다. 부용지 주변은 주로 18세기 영·정조 시대에 만든 지역으로 후원 내에서 가장 인공적인 구조물을 설치해서 자연과 절묘하게 조화시킨 공간이다.

하엽정지

하엽정(荷葉亭)은 삼가헌(三可軒)에 딸린 정자로 이곳 묘동(妙洞) 마을은 사육신(死六臣)의 한 사람인 박팽년(朴彭年) 후손 순천 박씨(順天朴氏)의 집성촌이다. 박팽년의 호를 따서 '하엽정(荷葉亭)'이라 했다. 하엽정 앞에는 꽤 큰 방형의 연못을 파고, 가운데에 원형의 섬이 있고, 넓은 후원에는 죽림(竹林)을 두었다.

연못의 북동쪽 모서리의 일각문 앞에는 5~6개의 괴석을 일렬로 배치했다. 원형의 중도(中島)에는 연을 심었고, 원래 백일홍 한 그루가 있었다고 한다. 「파산서당기(巴山書堂記)」에 '마루 앞에 방당을 파고 연(蓮)을 심으며 송, 죽, 괴, 류, 율, 상, 재, 칠(松, 竹, 槐, 柳, 栗, 橡, 梓, 漆) 등 잡목(雜木)을 심으니'

하엽정은 주거 별당 형식의 원림으로 서당이 정자로 바뀌어 만든 점이 특징이다. 주변의 산세가 낮고 좁으며, 마을과는 거리가 있어 한가로운 모습을 보이고 있는 19세기의 대표적 정원이다.

♣ 2017. 코리안 가든쇼 수장작 '세심원'

모던 방지

최재혁 작이다. 한국정원 본연의 가치를 담으면서, 과거의 정원형식에 얽매이지 않는 모던 정원이다. 세심원(洗心園)은 대나무 숲으로 둘러싸인 한적한 고택에서 모티브를 가져왔다. 좁은 대나무 담길을 따라 이끌리듯 걸어 들어가면, 길모퉁이에 작은 물확과 야생화가 방문객을 반긴다. 그 안으로 작지만 편안한 크기의 아늑한 정원이 펼쳐진다. 대나무 담 사이로 스며드는 빛과 바람이 시시각각 변화하는 정원의 표정을 만들어 낸다. 대나무로 엮은 평상에 걸터앉아, 작고 반듯한 못을 바라본다. 그 안에 비춘 하늘과 꽃과 나의 모습을 바라보며 잠시 명상에 잠긴다. 정원을 나서면 길게 이어지는 귀로를 따라 마음을 가다듬으며 일상으로 돌아간다.

♣ 2018. 세종시 LH 가든쇼 수상작 '무릉산수원'에서

5. 송상현 광장

송상현광장의 위치와 개요

- 양건석 작, 송상현광장(宋象賢廣場)은 부산광역시 부산진구에 위치한 대한민국 최대의 도심 광장이다. 송상현이라는 인물의 이름을 그대로 따서 만들어진 광장이다.

- 송상현광장의 명칭은 시민공모를 통해 2012년 결정됐다. 왜적의 침입에 결사 의지로 항전한 송상현 동래부사의 애국심을 기리는 차원에서 결정됐으며, 특히 광장에 송상현 동상이 세워지도록 했다. 송상현 동상은 서면에서 양정 방향의 송공삼거리에 세워져 있다.

- 프랑스 파리 광장의 이미지가 강하게 부각된 대도심 광장이다.

설계과정

- 2010년 공모 및 설계를 시작하여 2014년 6월에 완공했다. 송상현광장은 서면에서 부산광역시시청 방향으로 이어지는 삼전교차로에서 송공삼거리까지 34,740m² 가량의 부지에 조성되어 있다. 문화마당, 다이내믹부산마당, 역사마당 등 3

개의 마당으로 조성됐다.

- 문화마당은 야외공연장, 카페 등이 있는 공연 · 이벤트 공간이다. 다이내믹 부산마당은 잔디광장 등이 조성되며 거리응원과 각종 축제의 장으로 활용된다. 그리고 역사마당은 바닥 분수, 역사의 숲 등이 조성되며 다양한 역사성을 체험할 수 있는 곳이다.

설계개념

- 송상현 광장 설계의 주된 개념은 소통이었다. 역사와 문화의 소통, 지역과 지역의 소통 그리고 광장이 조성된 이후의 지역주민들과의 연결성을 확보하는데 주력하여 광장의 확장성에 방점을 주었다.

- 그러나 이러한 개념들은 이 부지가 가지고 있는 [교통섬]이라는 한계와 이 설계와 시공을 주관하는 부산시 교통과의 관점의 차이에서 이 광장은 시민을 위한 열린 광장보다는 부산을 대표하는 충신 송상현 인물을 중심으로 상징광장의 기능이 부각됐다.

- 부산시 교통국은 광장으로의 진입성을 높이기 위한 다양한 접근 시설을 교통의 흐름(시속60km)으로 유지하여야 한다는 주장으로 광장을 교통섬처럼 이끌어 나갔으며, 공사비 절감

으로 서면 지하상가와의 연결통로 공사를 제외했고 광장 끝자락에 7m 깊이의 문화마당이 조성되어 시민의 접근이 더욱 어렵게 됐다. 결국 2020년에 지하상가 통로연결공사를 실시할 예정이다.

- 특히 이 광장은 폭이 약40m 정도로 좁고 길이가 약 780m 길어 광장을 3가지 주제로 구분하여 광장의 다양성을 꾀했다. 그러나 조경식재의 관점에서 주변도로에 의해 광장을 보호해야 한다고 강조했다. 차폐식재와 경계식재를 하여 광장의 확장성에 부합되지는 못했지만 메타세콰이어 나무를 병렬 열식하여 광장의 축을 형성하고 도시적인 형식미를 강조했다.

• 이 광장의 조성이 부산의 현대도시공원으로서 시민을 위한 도시광장을 역사적 매락이 있는 도심의 주요지점에 조성되고 도시의 상징성을 확보했다. 시민 접근성을 높이기 위한 다양한 시도를 진행하며 도시의 연결성을 높이고 다양한 도시광장 프로그램을 운영할 수 있도록 광장의 기능을 세분화했다. 또한 도시 지하철 및 지하상가와의 연계성을 위한 예산확보와 문화마당을 활용하여 시민참여 방안을 마련했다.

6. 담장, 문

한국, 일본, 중국의 전통 담장과 문을 현대적으로 재해석했다.

♣ 평택 미군기지: 미군기지 건물에 한국 전통 담장을 현대적으로 재해석

♣ 일본 요코하마 한국총영사관저: 현대적 재해석된 한국 담장, 문

♣ 일본 아다치 미술관내: 일본 전통 판축담을 미술관 내에 현대적으로 재해석

♣ 서울 중국문화원: 마당 측면에 전통 중국 담장, 문, 태호석을 현대적으로 재해석

찾아보기

번호

한국어

ㄱ

ㄹ

ㅁ

ㅅ

ㅇ

ㅈ

ㅊ

ㅋ

ㅌ

ㅍ

ㅎ

한중일 정원에서 찾은 트렌드 I

2019년 7월 15일 초판 1쇄 인쇄
2025년 12월 5일 초판 2쇄 발행

지은이 박경자

펴낸이 권혁재

편 집 이정아
인 쇄 으뜸피앤디

펴낸곳 학연문화사
등 록 1988년 2월 26일 제2-501호
주 소 서울시 금천구 가산디지털1로 16 가산SKV1AP타워 1415호
전 화 02-6223-2301
팩 스 02-6223-2303
E-mail hak7891@naver.com

ISBN 978-89-5508-398-9 (93610)